U0717688

逻辑后承

〔美〕吉拉·谢尔（Gila Sher） 著

郭建萍 译

科 学 出 版 社

北 京

图字：01-2024-2470 号

内 容 简 介

谢尔在本书阐述了塔斯基逻辑后承语义定义的产生背景、基本适当性条件与不足，剖析了其所面临的必然性、形式性和逻辑性挑战，并创新性地从基本的人类状况出发给出了基于同构不变标准的一般不变性解决方案，还在评析、回应学界对其逻辑后承语义定义及这一标准的批评过程中，澄清了一些混淆和误解，讨论了其定义和标准在哲学和逻辑学上的重要意义。

本书还包含三个附录，附录一、附录二分别是陈波教授和郭建萍教授与谢尔的访谈。这两部分内容非常丰富，不仅涉及谢尔的学术背景，还对她在知识论、真理论、实质性与逻辑性以及基础整体主义方法论等方面的逻辑哲学思想和立场进行了详细论述；附录三呈现的是谢尔应陈波教授之邀做的三场有关《逻辑后承》基本内容的系列讲座，讨论了谢尔逻辑后承语义定义的给出背景、显著特征以及谢尔关于语义定义形式性、必然性和逻辑性挑战的一般不变性解决方案。

本书适合逻辑学、哲学等相关专业的高校师生和研究人员阅读，也可供其他对逻辑后承、逻辑推理等理论感兴趣的读者参阅。

图书在版编目（CIP）数据

逻辑后承 /（美）吉拉·谢尔（Gila Sher）著；郭建萍译. -- 北京：科学出版社，2024. 12. -- ISBN 978-7-03-079736-0

Ⅰ. B81-05

中国国家版本馆 CIP 数据核字第 20249QQ336 号

责任编辑：郭勇斌　邓新平 / 责任校对：张亚丹
责任印制：赵　博 / 封面设计：义和文创

斜 学 出 版 社 出版
北京东黄城根北街 16 号
邮政编码：100717
http://www.sciencep.com
北京天宇星印刷厂印刷
科学出版社发行　各地新华书店经销
*
2024 年 12 月第 一 版　开本：720×1000　1/16
2025 年 4 月第二次印刷　印张：11 1/2
字数：190 000
定价：**98.00 元**
（如有印装质量问题，我社负责调换）

This is a simplified Chinese edition of the following title published by Cambridge University Press 2022

Logical Consequence (978-1-108-98684-7)
©Gila Sher 2022

This simplified Chinese edition for the People's Republic of China (excluding Hong Kong, Macau and Taiwan) is published by arrangement with the Press Syndicate of the University of Cambridge, Cambridge, United Kingdom.

© Science Press. 2024

This simplified Chinese edition is authorized for sale in the People's Republic of China (excluding Hong Kong, Macau and Taiwan) only. Unauthorised export of this simplified Chinese edition is a violation of the Copyright Act. No part of this publication may be reproduced or distributed by any means, or stored in a database or retrieval system, without the prior written permission of Cambridge University Press and Science Press.

Copies of this book sold without a Cambridge University Press sticker on the cover are unauthorized and illegal.

本书封面贴有 Cambridge University Press 防伪标签，无标签者不得销售。

作 者 序

我特别高兴能够有机会为我的同事、朋友郭建萍教授翻译的《逻辑后承》中文版写序。逻辑后承的概念是现代逻辑的核心概念,可以说是最核心的概念。它抓住了一个句子从其他句子逻辑地得出、一个推理逻辑上有效以及一个论证在逻辑上正确和从前提逻辑地衍推出某个结论的真正意思。逻辑后承的语义概念基于真解释了这种关系:一个句子是给定前提的逻辑后承,当且仅当这些前提的真(以一种特别强的力)保证结论的真。《逻辑后承》为逻辑后承的语义概念提供了一个简洁的、易于理解的却又深入且准确的研究。本书涉及的内容有:逻辑后承概念的模型论定义;源自著名逻辑学家、哲学家阿尔弗雷德·塔斯基工作的逻辑后承的根源;逻辑后承的哲学基础;逻辑后承所面临的挑战;对这些挑战的解决方案以及对这些解决方案的争论;等等。

把这本书译成中文对我来说意义重大。在过去的七年里,我曾多次访问中国,并为中国听众做过多次演讲。我的一些论文或以中文或以英文的形式在中文期刊发表,其中一篇论文《逻辑基础问题》由刘新文研究员翻译,已在中国社会科学出版社出版成书。与陈波教授的一篇访谈,分为四部分在中文期刊上发表,还以整篇的形式发表于《哲学论坛》(*Philosophical Forum*)。另一篇与郭建萍教授的访谈也已发表于《哲学动态》(*Philosophical Trends*)。在过去的十年里,我很享受与中国同仁的学术交流,并从中受益匪浅。我希望由科学出版社出版的《逻辑后承》,能促进逻辑学家、哲学家、其他学者以及广大公众的国际合作。

吉拉·谢尔

2023 年 5 月

目　　录

第1章 引　言

本书旨在深入地、以哲学为导向地研究逻辑后承（logical consequence，LC）的语义概念，力求易读，但形式上细致。这个概念可以说是逻辑的最核心概念，并且是当代逻辑哲学中最活跃的讨论话题之一。本书试图找到关于 LC 的实质性哲学问题的真正根源，这些问题经常被忽视或被认为是不可解决的。因此，本书为 LC 提供了一个独特的视角。

1.1　逻辑后承这一概念

"LC" 或 "逻辑推理"（logical inference）这一概念，就是指从什么逻辑上推出什么。给定一个句子集 $\Gamma = \{S_1, S_2, \cdots, S_n, \cdots\}$，$n \geqslant 0$，以及句子 S，要么 S 从 Γ 逻辑地推出，即 S 是 Γ 的 LC，要么从 Γ 逻辑地推不出 S，即 S 不是 Γ 的 LC。例如，"数 1 有一个后继" 这个句子是 "每个数都有一个后继" 这个句子的 LC，"拜登赢得了选举" 这个句子是 "要么特朗普赢得了选举，要么拜登赢得了选举" 和 "特朗普没有赢得选举" 这两个句子的一个 LC。但是，"每个数都有一个后继" 并不是 "数 1 有一个后继" 的 LC，"拜登赢得了选举" 也不是 "不是特朗普赢了选举就是拜登赢了选举" 的 LC。

要深入理解 LC 这个概念，还需要理解：

①根据什么，一个给定句子是另一个句子（其他一些句子）的 LC？

②LC 在知识中起什么作用？

③LC 为什么以及如何在世界上起作用（比如，为什么在飞机设计中犯逻辑错误能导致飞机坠毁）？

④LC 的显著特点是什么？

⑤什么规律和原则支配 LC 或构成 LC 的基础？

⑥是否有一种精确的方法来确定 S 是（或不是）Γ 的 LC？

⑦仅有一种还是有很多种 LC？

⑧LC 的观念如何与一般意义上的后承观念相关联？

⑨LC 系统的结构是什么或可能是什么？

⑩LC（LC 的系统）的数学性质是什么？

⑪LC 的规范性源自什么？

逻辑后承有时被认为是一种琐碎的关系，一种显而易见的、不能提供真正新知识的关系。然而，这种观点很可能是错误的。许多数学定理是数学公理的逻辑后承，它们提供了真正的、确实（至少最初是）令人惊奇的新知识，与科学获得的许多新知识一样令人惊奇。事实上，在科学中，逻辑推理也被用来得出远不是显而易见的预测和发现。虽然不同于数学，这里的新预测和新发现通常是通过同时使用逻辑推理和非逻辑推理来实现的，然而，用于得出新结果的逻辑推理不发挥实质性作用却是极不可能的。

有人可能会反对，原因是在这种推理中使用的初始逻辑规则是显而易见的，或者至少是非常简单的。然而，逻辑规则的观念并没有要求初始规则是显而易见的或简单的：选择将哪些规则视为初始规则在很大程度上是讲求实用的。更重要的是，即使初始规则是显而易见的（或简单的），这些规则的组合也往往不明显。

1.2　逻辑后承的两种方法：证明论的和语义的

逻辑后承的概念通常根据证明（S 是 Γ 的 LC 当且仅当存在一个从 Γ 的句子对 S 的证明）和真（S 是 Γ 的 LC 当且仅当 Γ 的所有句子的真保证了 S 的真）两个方面来理解。据此，LC 理论有两个分支：一是证明论的，基于证明将 LC 概念系统化；二是语义或模型论的，基于真将 LC 概念系统化。LC 常用的证明论符号和语义符号分别为"⊢"和"⊨"。如果 Γ 是一个句子集（前提），S 是一个句子（结论），"$\Gamma \vdash S$"是说：S 是从 Γ 的句子逻辑地可证的或可推出的，"$\Gamma \vDash S$"则是说：Γ 的句子的真（假设它们都是真的），逻辑地保证 S 的真。在这两种情况下，我们也说，后承（推理）是逻辑有效的。

从历史上看，LC 系统开始是证明系统，以证明的逻辑规则为中心，如分离规则（$S_1 \supset S_2, S_1 \vdash S_2$）和全称例示（$(\forall x)\Phi x \vdash \Phi a$），其中 Φ 是一个公式，a 是一个个体常项（一个个体的名字）。语义学常用于非形式的解释，却不是逻辑系统的一部分。然而，从 20 世纪初开始，逻辑学家将语义解释纳入他们的逻辑体系。今天，逻辑系统通常被分为三个充分发展的子系统：语法、证明论和语义学（或模型论）。语法为给定的逻辑系统提供了语言的精确表达，证明论为该系统提供了逻辑可证性（或可推性）的精确表达，语义学或模型论就模型和真为给定系统提供了 LC 的精确表达。术语"LC"通常用来表示"逻辑地推出"的语义学或模型论表达。在本书中，我们研究 LC 的语义学理论。

1.3　逻辑后承语义方法的历史渊源

尽管起初语义概念在很大程度上是非形式的，但从一开始逻辑学家就使用语义概念来解释现代逻辑并促进它的发展。例如，弗雷格——他的《概念文字》（Frege，1967［1879］）经常被用来作为现代逻辑诞生的标志——宣称他的逻辑系统的所有公理都是真的，而且它的规则都是保真的。很大程度上非形式地使用语义概念一直持续到塔斯基发表 LC 的语义定义（Tarski，1983［1936a]）。甚至哥德尔（Gödel）著名的关于标准一阶逻辑完全性的证明（Gödel，1986［1929］）和更强逻辑系统的不完全性证明（Gödel，1986［1931]，应用于逻辑）都属于这种类型。今天，哥德尔的完全性定理被理解为表明标准一阶逻辑中LC 的证明论概念和语义概念具有外延等价性，然而它最初被提出时，是用来根据我们从真而言对逻辑推理/后承的非形式理解证实这个逻辑的证明论方法的完全性（在本书中，"标准"一阶逻辑，指的是"具有标准逻辑常项：～、&、⊃、≡、=、∃、∀和由它们定义的逻辑常项"）。

在哥德尔之前，一些元逻辑的结果已经用模型论的术语明确表述了（例如，勒文海姆（Löwenheim）的（Löwenheim，1915[1967（1915)]）和斯科伦（Skolem）的（Skolem，1920［1967（1920)]）定理。希尔伯特在 20 世纪之交对模型论的发展做出了重要贡献［参见（Hilbert，1950［1899]；Hilbert and Ackerman，1950［1928]）。尽管如此，模型论在当时还不是现代逻辑的一个组成部分。直到塔斯基发展 LC 语义定义（Tarski，1983［1936a]）之后，逻辑语义学或模型论才与证明论一起成为现代逻辑的基石之一。

1.4　一般的后承与逻辑后承

后承有很多种。例如，"a 是一个物体；因此，a 的速度不会超过光速"是一个普通的物理后承。逻辑后承是一种特殊的后承关系/概念。

一般的后承关系——S 是 Γ 的一个后承——是一种从 Γ 到 S 传递或保持真的关系。最弱的后承类型是：

实质后承（material consequence，MC）

S 是 Γ 的 MC 当且仅当：如果 Γ 的所有句子都为真，那么 S 为真，其中，真是纯粹的真（truth *simpliciter*）——也就是说，是在现实世界中为真（truth-in-the-actual-world）的意义上的实质真。

符号表示为：S 是 Γ 的 MC 当且仅当 $T(\Gamma) \supset T(S)$[①]。

实质后承是一种极弱的后承。一般来说，S 要成为 Γ 的 MC，所需要的就是，Γ 的一个句子实质上是假的，或者 S 实质上是真的。"塔斯基是美国总统；因此，拜登是逻辑学家"和"塔斯基是逻辑学家；因此，拜登不是一个逻辑学家"都是实质后承。然而，并非所有的后承都是如此弱的。普通后承比实质后承更强，但仍然有更强的后承类型。逻辑后承是一种更强的后承类型。这反映在它通常具有的特征上：强普遍性、必然性、形式性、主题中立性、确定性、规范性等（普通后承不是形式的或主题中立的，它们的普遍性、必然性、确定性和规范性都比逻辑后承的弱）。后承的类型因其前提与结论之间的关系不同而不同。普通的物理后承是源于其前提和结论的物理成分之间的物理关系，而逻辑后承是源于其前提和结论的逻辑成分之间的逻辑关系。

LC 概念已经扩展到多种逻辑，如模态逻辑和相干逻辑。在这里，我们关注的是通常被称为谓词逻辑、形式逻辑或数理逻辑[②]中的 LC 关系，这种逻辑是亚里士多德逻辑主要的现代继承者，并被广泛认为是核心逻辑。然而，即使在这种逻辑的界限内，LC 的范围在哲学上也是有待确定的。

1.5 逻辑后承的哲学、数学和语言学旨趣

LC 理论对多个学科都有重要意义，主要是哲学、数学和语言学。在本书中，我主要关注的是数学和哲学研究中 LC 的哲学特征。与语言学中 LC 相关的问题的重要工作，参见，例如，蒙塔古（Montague，1974），梅（May，1985），以及彼得斯（Peters）和韦斯特斯托尔（Westerståhl）的概述（Peters and Westerståhl，2006）。

---

① "⊃"是真值函数条件句。
② 我把这种逻辑称为"数理逻辑"，并不是说它只适用于数学，甚至不是说它主要适用于数学。

第2章 逻辑后承的语义定义及其塔斯基根源

LC 的语义定义起源于塔斯基的论文《论逻辑后承的概念》(*On The Concept of Logical Consequence*)(Tarski，1983［1936a］)。阅读这一引入新理论/定义的第一部作品，通常会给导致其发展的动机、目标和考虑提供重要的见解。塔斯基的论文（Tarski，1983［1936a］）就是如此。然而，塔斯基不喜欢延伸的哲学讨论，更喜欢主要探求他的概念的形式方面。因此，我们需要厘清塔斯基的一些概念的哲学内容，并评价其重要性。

2.1 塔斯基从真到逻辑后承的路径

塔斯基对 LC 的语义定义（Tarski，1983［1936a］）延续并充分使用了他对真的语义定义（Tarski，1983［1933］）。这一定义旨在为"真句子"提供一个"实质上适当且形式上正确的定义"（Tarski，1983［1933］：152）。塔斯基所谓的"实质上适当"的定义，指的是一种能抓住被定义概念的预指内容（intended content）的定义，就真而言，他将其等同于"所谓经典的真概念（'真——与现实相符合'）"（Tarski，1983［1933］：153）。所谓"形式上正确"的定义，指的是一种避免悖论（如说谎者悖论）并满足定义的一般形式要求的定义。

人们可能会想，真的定义如何能够作为诸如 LC 这样明确的逻辑（或更确切地说是元逻辑）概念的定义的基础，以及是什么促使塔斯基，一个数理逻辑学家，去首先定义一个像"真"这样明显的哲学概念。沃特（Vaught）的一个猜想是，塔斯基对真的兴趣与 20 世纪最初几十年逻辑的状态，特别是元逻辑的状态有关："塔斯基对真概念（当时在元逻辑中）的使用已经不满意了"（Vaught，1974：161）。真的概念已被广泛地、非形式地应用在元逻辑中。实际上，

通过（有意或无意地）把真从本质上当作一个未被定义的概念——

一种具有许多明显属性的概念，甚至有可能走到完全性定理那么远……但是，没有人对真进行分析，甚至没有人对以刚才提到的方式处理真时究竟涉及什么予以分析……这整个的事态状况……导致元逻辑缺乏稳当性。（Vaught，1974：161）

沃特的观点揭示了塔斯基真定义的两个熟悉而又相当不同寻常的特点：①塔斯基只为逻辑语言——"演绎科学的形式化语言"——定义真（Tarski，1983［1933］：152）；②塔斯基的真定义专注于句子的逻辑结构（或逻辑内容）：对于每一初始 lc ——决定初始逻辑结构的常项——而不是其他类型的结构-生成常项（例如，因果常项，如"因为"），在塔斯基的真定义中都有一个特别的条目，它明确规定了具有该逻辑结构的句子的真值条件。定义的这种递归特性使其能够在有限步骤内为所有逻辑结构句定义真。鉴于塔斯基真定义的这些鲜明特点，它为诸如 LC 这样的逻辑或元逻辑概念的定义提供了自然的基础也就不足为奇了。

塔斯基将"真""指称"（denotation，reference）、"满足"和"LC"归类为语义概念。对塔斯基来说，语义概念的显著特征是什么？有些语义概念是用其他语义概念来定义的，例如，"真"用"指称"和"满足"来定义。但对塔斯基来说，成为语义的不仅仅是可定义的问题。他对概念的语义分类与它们的内容有关，特别是与它们内容的特定方面有关：

> 语义概念的一个典型特点是，它们表达了语言表达式和这些表达式所描述的对象之间的某种关系。（Tarski，1983［1933］：252，我的强调）

> 我们……通过语义学来理解有关那些概念的全部考虑，粗略地说，这些概念表达了一种语言的表达式与这些表达式所指的对象和事件状态之间的某种联系。（Tarski，1983［1936b］：401）

因此，语义概念不是处理意义的任一方面的概念。它们是直接或间接地处理意义的特定方面——即语言与世界之间的关系——的概念。①

---

① 塔斯基没有指明"世界"（"对象""事态"）的范围。我认为可以合理地假设：他认为它的范围相当广泛（例如，包括数学对象），但没有明确的界限。对他来说，"世界"似乎是一个直觉的、常识性的、前理论的概念，为各种各样的精确化留下了空间。

对于许多通常被视为语义的概念来说，这种描述是自然的。其中一些直接表达了语言（语言表达式）和世界（对象）之间的关系。"指称"和"满足"属于这一类。个体常项（专名）"拜登"指称拜登这个人（世界中的对象）。拜登这个人（世界中的对象）满足 1 元谓项"x 是 2021 年的美国总统"（x-is-president-of-US-in-2021），数对 <1, 2> 满足 2 元谓项"$x<y$"，等等。其他语义概念间接地满足了塔斯基的描述。真就是这样一个概念。正如我们已经看到的，塔斯基把他的真概念描述为符合概念。真是句子的一种属性，但句子只有与世界存在某种关系时才具有这种属性。根据塔斯基的说法，这种关系就是真概念的内容，并且只有抓住了这种内容的真定义才是实质上适当的[①]。

然而，当谈到 LC 这个语义概念时，塔斯基对"语义概念"的理解具有哲学趣味。哲学家们通常认为逻辑只与语言和概念有关，而与世界无关。但是，如果 LC 和真一样，是塔斯基意义上的一个语义概念，那么它也与语言和世界之间的关系有关。然而 LC 是如何与世界相关的呢？逻辑后承是一种语言实体（句子）间的关系。这种关系符合世界上的什么，或者说世界的什么方面？我们是否可以说 LC 是一个语义概念，因为，而且仅仅因为，它是按照语义概念，也就是说，与语言和世界的关系有关的概念，来定义的，但它本身与这种关系无关，尤其是与世界无关？如果定义 LC 所依据的那些主要概念的显著特征是将语言与世界联系起来，那么 LC 本身很可能具有这种特征，我们又回到了 LC 是一种（某种）符合概念的观点。这个令人困惑的问题需要深入研究，我们在对 LC 及相关问题有了更深入的了解后，将在第 4 章回到这个问题。

如塔斯基所构想的，语义概念的另一个显著特征是它们是元语言的。说一个概念是元语言的，就是说它指称或关注语言实体。由于语义概念涉及语言实体（尽管在它们与世界的关系中），它们是元语言的。给定一种语言 L，L 的真

---

① （i）塔斯基还说，他将所有语义概念还原为"结构的-描述性"（structural-descriptive）概念——这些概念属于语言的"词法"的概念（Tarski，1983［1933］：252），并通过描述语言表达式的结构来指称它们。但塔斯基认为语义概念的结构描述性定义（即语言学定义）与其对应的内容之间没有冲突。参考中世纪的实质假设原则（principle of *suppositio materialis*），塔斯基指出，我们可以用语言将语词和对象（世界）之间的关系，表达为指称对象的语词和（结构-描述性表达式所指的）这些语词的名称之间的关系。

（ii）注意"实质的"的用法与 1.4 节中其用法的区别。"实质充分性"意味着"捕获住给定概念的预指内容"；"实质（真/后承）"的意思是"现实世界中有效的真/后承"。在本书中，我在这两种意义上使用"实质的"。从上下文可以清楚地看出哪种意义是预指的。

概念和 LC 概念属于它的元语言，即 ML；ML 的真和 LC 这些概念属于 MML；等等。①

2.2 对逻辑后承非证明论定义的需求

塔斯基强调需要定义 LC，是因为 LC 运用于日常生活、数学和经验科学中。②但在 1936 年之前，这个概念已经有了一个定义，即一个证明论的定义，其中一个表述是：

逻辑后承的证明论定义

给定一个逻辑系统 $\mathfrak{L}$，$\mathfrak{L}$ 的一个语言 L，③L 的一个句子 S，以及 L 的一个句子集 Γ：

S 是 Γ 的 LC 当且仅当 存在一个从 Γ 到 S 的证明

其中，从 Γ 到 S 的证明是一个有穷的句子序列，$<S_1, \cdots, S_n=S>$，满足对于每一个 $1 \leq i \leq n$，或者（i）S_i 是 Γ 的成员，或者（ii）S_i 是 $\mathfrak{L}$ 的公理，或者（iii）S_i 是遵循 $\mathfrak{L}$ 的证明规则从 $S_1, \cdots, S_{i-1}$ 可证的。

对 LC 的新定义的需求源于证明论定义的局限性，这一点由哥德尔不完全性定理揭示出（Gödel，1986 [1931]；见第 4.7 节）。该定理表明，LC 的证明论概念明显比数学家和其他人非形式使用的概念更狭窄。④由此可见，为了充分理解 LC 的完全的概念，我们需要一个新的定义。

---

① 塔斯基将真之语义概念处理为元语言概念受到了广泛的批评，因为（i）它是特设的，（ii）它使真相对于语言，（iii）它偏离于只有一个真谓项的自然语言。在不陷入这些争议，也不提及塔斯基自己所说的情况下，我来简要地对这些批评做些建议性的回应，这些批评与当代对真和 LC 的理解有关。（i）内在于真之符合论概念的是：要确定一个给定的句子 S 是否为真，我们需要超越这个句子到一个立场上，从这个立场上我们可以理解（a）句子 S，（b）它在世界上的目标，（c）它们之间的关系。这正是塔斯基元语言的立场。（ii）虽然塔斯基对真和 LC 的定义在技术上是相对于语言的，但重要的是，其定义中的 ℓcs 条目对所有语言都相同，而且 LC 的定义对所有语言来说本质上也是相同的。（iii）自然语言的视角只是关于真和 LC 的哲学视角之一，但并非必定就是最重要的。

② 尽管他意识到，在系统化一个直觉的、非形式使用的概念时，一个人不可能完全忠实于它的所有用法。

③ 在本书中，逻辑系统 $\mathfrak{L}$ 有一个固定的 ℓcs 集（collection）、公理（公理模式）和证明规则。语言 L 将非 ℓcs 添加到给定的 $\mathfrak{L}$ 中。所有语言 L（对于 $\mathfrak{L}$ 来说）有相同的 ℓcs、公理和 $\mathfrak{L}$-证明规则，但它们的非 ℓcs 则不同。

④ 虽然当 LC 的预指概念（intended concept）受限于标准一阶语言时，LC 的标准一阶证明论概念确实与预指概念一致，但塔斯基假设 LC 的完整预指概念不限于这些语言，因此本质上更加广泛[这个解释比 Tarski（1983 [1936a]）中的更简单、更直接，但两者结果相同]。

2.3　基本的适当性条件:保真性、必然性、形式性

正如我之前强调的,塔斯基的论文为 LC 这个语义概念/关系提供了重要的哲学洞见。它们包括 LC 的两个基本哲学特征:必然性和形式性。塔斯基运用这些特征作为指导方针去探寻这个概念的适当定义:一个适当的定义必须使 LC 这个关系既是必然的也是形式的。我将在后面对 LC 在根本上是必然的和形式的观点给出一个批判性的解释和审查。此时,我们还是要理解塔斯基自己对这些指导方针的看法,以及它们如何限制他对 LC 的定义。使用"$\Gamma \vDash S$"表示"S 是 Γ 的 LC",我们可以将 LC 的适当定义的指导方针(或条件)表述如下:

必然性:LC 的适当定义使逻辑后承成为必然的,也就是说,如果 $\Gamma \vDash S$,那么,必然地,如果 Γ 中的所有句子都为真,S 就为真。

符号表示:$\Gamma \vDash S \supset \mathbf{Nec}[T(\Gamma) \supset T(S)]$。

形式性:LC 的适当定义使逻辑后承成为形式的,也就是说,如果 $\Gamma \vDash S$,那么,形式上,如果 Γ 中的所有句子都为真,S 就为真。

符号表示:$\Gamma \vDash S \supset \mathbf{For}[T(\Gamma) \supset T(S)]$。

潜在于这两个条件之下的第三个条件是:

传递真/保真:LC 的一个适当定义从 Γ 到 S 传递真/保真(纯粹的),也就是说,如果 $\Gamma \vDash S$ 并且 Γ 的所有成员为真,那么 S 也为真。符号表示:$\Gamma \vDash S \supset [T(\Gamma) \supset T(S)]$。

我们将在后面几节进一步讨论第三个条件。在这里,我们跟随塔斯基去关注必然性和形式性。

塔斯基并没有对必然性做出任何解释,而是将必然性要求视为直接的前理论要求。他确实对形式性做了部分解释,尽管不完全清楚其主要观点是什么。他首先说①在 LC "被句子(LC 在这些句子之间成立)的形式唯一决定"的意义上,LC 是形式的(Tarski, 1983 [1936a]: 414)。这可能会让我们认为,对

他来说，形式性是 LC 的一种句法特征。但塔斯基接下来的话表明，他心中有超越句法的东西：②LC "不能以任何方式受到经验知识的影响，特别是不能受到有关［Γ和 S 中的句子］所指对象的知识的影响"（Tarski，1983［1936a］：414-415）；③LC "不能因用任何其他对象的名称来替换这些句子中所指对象的名称而受到影响"（Tarski，1983［1936a］：415）。

基于③，我们可以说，只有在用指称不同对象的常项（具有相同语法类型）一致替换非 ℓcs，都令 LC 保持不变时，LC 的定义才满足形式性要求。如果我们用"*"来表示这样的一致替换，③说的就是 $\Gamma \vDash S$ 的适当定义的形式性条件被满足，当且仅当，对（给定语言）中非 ℓcs 的每一个替换*，$T(\Gamma^*) \supset T(S^*)$。这种形式性条件的表述自然地暗示了 LC 的一种代入定义（其中"代入"代表"非 ℓcs 的统一替换"），而且塔斯基的下一步确实是构建这样的定义，然后拒斥它。

2.4　代入定义的不足

我们可以将塔斯基的代入定义表述如下：

逻辑后承的代入定义

令 $\mathcal{L}$，L，Γ，S 如在 LC 的证明论定义中一样。用"$\vDash_{SB}$"表示 LC 的代入关系，我们定义：

$\Gamma \vDash_{SB} S$，当且仅当 对任何统一代入*，当它对 Γ 和 S 中的非 ℓcs 以 L 中相同语法类型的非 ℓcs 统一代入后，$T(\Gamma^*) \supset T(S^*)$，即，如果 Γ 中的所有句子在*下为真，则 S 在*下为真。

其中"真"意味着"纯粹的（simpliciter）真"，也就是"实质（materially）真"（"现实世界中的真"）。

通过审查这个定义，塔斯基得出结论，虽然它为逻辑后承设置了一个必要条件，但并没有设置一个充分条件。不只是逻辑后承可以满足代入定义，非逻辑后承也可以满足代入定义。理由是代入检验是否起作用取决于语言 L 的丰富程度。如果 L 没有足够的非 ℓcs 来对所有非逻辑后承生成反例，那么通过这个检验，L 的一些非逻辑后承就会被宣告为逻辑后承。

例如：令 L 的所有非逻辑词汇由"逻辑学家""塔斯基"和"弗雷格"组成。考虑以下后承：

（1）塔斯基是逻辑学家；因此，弗雷格是逻辑学家。

显然，（1）只是一个 MC，但是它通过了代入检验。用 L 中（具有相同语法类型的）的非 ℓcs 对"逻辑学家""塔斯基"和"弗雷格"进行任一统一代入，

T[逻辑学家（塔斯基）$]^{*} \supset T$[逻辑学家（弗雷格）$]^{*}$。①

因此，代入检验失败了。L 的非逻辑词汇太贫乏以致无法为所有非真正的逻辑后承提供反例。塔斯基得出代入定义不充分的结论：

[代入定义] 对于句子 [S] 从类 [Γ][逻辑上] 得出是充分的，仅当所有可能对象的名称（designations [names]）都出现在所讨论的语言中。然而，这种假设是虚构的，永远不可能实现。（Tarski, 1983 [1936a]: 416，我的强调）

我们不能假设给定任意一种语言 L，其非逻辑词汇足够丰富以提供一个 LC 的适当代入检验。

塔斯基没有提到的 LC 代入定义的另一个问题是，它通常只考虑现实世界中的句子的真。考虑这个后承：

（2）恰好有一个个体；因此，至少有两个个体。

这个后承可以不使用任何非 ℓcs 来表示，例如：

（2′）$(\exists x)(\forall y)\, x{=}y$；因此，$(\exists x)(\forall y)\, x{\neq}y$。

显然，这一后承也只是实质上的。但它满足代入检验。由于（2′）没有非 ℓcs，它的唯一代入*是同一代入。也就是说，对于这种语言中非 ℓcs 的任何代入*，（2′）的前提/结论的唯一代入实例就是这个前提/结论本身。由于（2）的前提在现实世界中为假（或者，其结论在现实世界中为真），因此满足代入检验。

对于所有的*：$T[(\exists x)(\forall y)x = y]^{*} \supset T[(\exists x)(\forall y)x \neq y]^{*}$。

本质上，即使不缺乏代入常项，同样的问题原则上也会出现在包含非 ℓcs 的后承中。再次考虑（1），假设不缺乏可代入常项。进一步假设现实世界只有一个对象（这个假设在逻辑上没有障碍）。在此假设下，（1），它仅仅是一种 MC，却通过了代入检验。事实上，对于任何有穷基数 n，如果世界上的对象数量是

---

① 在这里，[逻辑学家(塔斯基 / 弗雷格)]* = 逻辑学家*(塔斯基* / 弗雷格*)。

n，那么就有一种通过逻辑后承代入检验的 MC。①

LC 的代入定义的另一个问题将在后面提到，但我们已经讨论过的这两个问题，并且实际上单独的每个问题，都足以得出关于其适当性的否定结论。

结论：代入定义的可用资源过于有限，以致无法为 LC 提供适当的检验。可用词项的代入加上纯粹的真（实质真，现实世界中的真）的定义对 LC 的定义来说并不充分。

塔斯基接着提出了一个新的 LC 定义——他最终的语义的或模型论的定义。今后我将用"⊨"来命名这个定义所给出的 LC 关系。

2.5 语义的、模型论的定义

LC 的语义定义根本没有使用代入的概念，而是引入了一个新概念："模型"。这个定义通常以与塔斯基相同的方法来构建：

逻辑后承的语义定义（Tarski，1936）

令 $\mathcal{L}$、L、S 和 Γ 如前所述。

S 是 Γ 的 LC——$\Gamma \vDash S$——当且仅当 Γ 的每个模型都是 S 的模型。

更准确地说：

在语言 L 中 S 是 Γ 的 LC——$\Gamma \vDash_L S$——当且仅当 Γ 的每一个 L-模型都是 S 的 L-模型。

用塔斯基的话来说：

句子［S］由句子类［Γ］的句子逻辑地推出，当且仅当句子类［Γ］的每个模型也是句子［S］的模型（Tarski，1983［1936a］：417）。

一个等价的表述是：

$\Gamma \vDash S$ 当且仅当没有 L 的模型 M，使得 Γ 的所有句子在 M 中为真，而 S 在 M 中为假。

用符号表示：

$\Gamma \vDash S$　iff $(\forall M)[T_M(\Gamma) \supset T_M(S)]$，

---

① 例如，"存在 $n+1$ 个东西；因此，拜登是逻辑学家"。

或者

$$\Gamma \vDash S \quad \text{iff} \quad \sim(\exists M)[T_M(\Gamma)\, \& \, F_M(S)]\,,$$

其中"T_M / F_M"表示"在 M 中是真的 / 假的"。

要理解 LC 的语义定义，我们需要理解模型的这些概念：L 模型、Γ/S 模型和模型中的真。

在解释这些概念之前，让我先谈谈两个问题。

首先，由于本书不同的读者具有不同的背景，包括运用的术语不同、认可的假设不同，因此，为解释 LC 语义定义中使用的概念而设置统一的背景，以防止混淆，就显得很重要。语言-对象类型学如表 2.1 所示。

表 2.1　语言-对象类型学

	语言表达式	对象的相关者
第 0 级	个体常项和变项	个体
第 1 级	个体的谓项、变项	个体的属性
第 2 级	第 1 级谓项的谓项、变项	第 1 级属性的属性

注意：

（i）个体常项指称个体；第 n 级的变项表示第 n 级的对象；给定类型［级和元数（位置的数量）］的谓项指称相同类型的属性；第 $n+1$ 级的谓项/属性只适用于级$\leq n$ 的（只有主目的）对象，其中至少有一个对象是第 n 级的。[①]

（ii）个体常项的典型例子是专名。个体被视为原子对象，也就是说，没有与其语义角色相关的内部结构。

（iii）"谓项"和"属性"在 n 元谓项和属性上取值，$n\geq 1$。1 元属性是"真属性"（proper property）；n 元属性，$n>1$，是一个 n 元关系。因此，"谓项" / "属性"在关系和真属性上取值。按照一般的惯例，一个 n 元函数是满足一定要求的 $n+1$ 元关系。

（iv）一个一阶系统具有第 0 级变项，第 1 级和第 2 级 ℓcs，可能还有第 0 级和/或第 1 级的非 ℓcs。在标准的一阶逻辑中，"="是第 1 级 ℓc，指称第 1

① 例如：个体常项 a，"约翰"（John）；个体词——a，约翰；第 1 级的 1 元谓项 P，"是逻辑学家"（is-a-logcian）；第 1 级的 1 元属性-P，是逻辑学家；第 2 级的 1 元谓项-P，"是非空属性"（IS-A-NONEMPTY-PROPERTY）；第 2 级的 1 元属性-P，是非空属性。

级属性;"∃""∀"和逻辑联结词是第 2 级 ℓcs,指称第 2 级属性。包含"非标准"ℓcs 的一阶系统[例如,第 2 级的 1 元常项/量词"大多数"(most)]是"非标准一阶系统"或"广义一阶系统"。"一阶系统"指标准一阶系统和非标准一阶系统。

其次,LC 的塔斯基的原初定义与当代定义之间有三个不同之处:

(i)今天表述 LC 语义定义的背景理论是标准一阶集合理论(ZFC),[①]而塔斯基的原初定义的背景理论是罗素的类型论——一种高阶理论。

(ii)如今,LC 的语义定义通常表述为针对标准的一阶后承。塔斯基本人希望这个定义适用范围更广。

(iii)今天,它要求在模型之中存在多种多样的论域。关于塔斯基自己对这个问题的看法的讨论,参见(Hodges,1986)和(Sher,1991:40-41)。

在这里,我使用了塔斯基 LC 定义和相关概念的当代版本。尽管如此,重要的是要注意,原则上这个定义可以用不同的背景理论来阐述。尽管我将表述针对标准一阶逻辑的定义,但它是可以扩展的,可以几乎没有任何变化地扩展到具有非标准 ℓcs 的一阶逻辑,也可以变化相对较小地扩展到高阶逻辑。

现在我们从"模型"开始,准备继续讨论 LC 语义定义中使用的概念。模型是与逻辑系统 $\mathfrak{L}$ 的语言 L 相关的对象结构。

L 模型 M(L-模型 M)

L-模型 M 是一个对 $<U, \delta>$,其中 U 是一个论域,δ 是一个指称函数,将 U 中的值赋给 L 的所有非 ℓcs。U 是一个非空的个体集合。δ 将 U 中的个体指派给 L 的每个个体常项,对 L 中的每个 n 元非逻辑谓项,$n \geq 1$,赋以一个 U 上的 n 元关系($n=1$ 时,赋以 U 的一个子集)。

注意:

(i)每一种语言 L 都有模型 M 的一个装置,使得对于每一对 $<U, \delta>$,$M=<U, \delta>$ 属于这个装置。

(ii)与 L 的非 ℓcs 在模型中的指称不同,L 的 ℓcs 指称在模型中不是(通过

---

① 具有选择公理的 ZFC 集合论。

指称函数 δ）给出的。对所有模型来说它们都是预先从外部给出的，也就是说，是基于（根据）这些常项的固定内容。例如，对于任意模型 $M=<U,\delta>$：

（a）"="的指称是 U 上的同一关系；

（b）"∃"的指称是第 2 级属性（在 U 中）非空（IS-NONEMPTY），因此"$(\exists x)Px$"在 M 中说的是第 1 级的 1 元属性 $\delta(P)$ 在 U 中非空，即 U 中至少有一个个体具有 $\delta(P)$ 属性；

（c）"～"的指称（在形如"～Pt"中，其中 t 是一个项，即一个个体变项或一个个体常项）是"补"（COMPLEMENTATION），因此"～Pa"说的是在 U 中 $\delta(a)$ 是 $\delta(P)$ 的补；等等。

（iii）为了简单起见，我假设二值性，也就是说，正好有两个真值：真和假。在第 4 章中，我将解释在 LC 中二值和非二值之间的选择意味着什么。

在 LC 的定义中，模型的"工作"究竟是什么？模型为了履行其职责需要表示什么（如果有的话）？在这个阶段，只要说模型表示相对于给定语言 L 的某些涉及个体及其属性（关系）的对象的情况就可以了。事实是，相同的非 ℓcs 在不同的模型（表示不同的情况）中指称不同的东西，这意味着相同的句子在不同的模型中"表明"不同的东西；所有的 ℓcs 在所有的模型中（本质上）都表明相同的东西，这一事实意味着，给定句子的逻辑内容/结构①在不同的模型中（本质上）是相同的。

示例：

令 L 的非逻辑词汇由个体常项 a、b、1 元（第 1 级）谓项 P 和 2 元（第 1 级）谓项 R 组成。

令 $M_1=<U_1,\delta_1>$，其中 $U_1=\{$弗雷格，塔斯基$\}$，$\delta(a)=$弗雷格，$\delta(b)=$弗雷格，$\delta(P)=$是逻辑学家，$\delta(R)=$出生早于（was-born-earlier-than）。

令 $M_2=<U_2,\delta_2>$，其中 U_2 是自然数集$\{0,1,2,3,\cdots\}$，$\delta(a)=1$，$\delta(b)=2$，$\delta(P)=$是偶数，$\delta(R)=$小于（<）。

那么：在 M_1 中，"$a=b$"表示弗雷格是弗雷格，在 M_2 中，它表示 1 是 2；在 M_1 中，Pa 表示弗雷格是一个逻辑学家，在 M_2 中，它表示

---

① 常见的是谈论句子的逻辑结构，而不是句子的内容。从语义上讲，句子的逻辑结构也是句子的逻辑内容。例如，否定既是形如"～S"的句子的（部分或全部）逻辑结构，也是其内容的一部分。

1 是偶数；在 M_1 中，"$(\exists x)Rax$"表示弗雷格出生早于 U_1 中某个人（个体），在 M_2 中表示 1 小于某个自然数（U_2 中的个体）；等等。

接下来，我们转向模型中的真的定义。通过采用一个真定义并将其相对于 M 来定义"M 中的真"似乎是很自然的，但并不是任何真定义都可以。例如，这个真定义（模式）"$<S>$ 是真的当且仅当 S"，其中"$<S>$"是句子 S 的名称，这是不行的，因为这个定义看不到不同句子 S 之间逻辑结构的差异。

解释：这个本质上的真之去引号定义并没有区分具有不同逻辑结构（析取、合取、存在量化、全称量化等）的句子。因此，它不能用于辨别逻辑后承。一个合适的真定义必须关注句子的逻辑结构。它必须告诉我们，句子的逻辑结构如何决定（参与决定）它的真值，以及不同的逻辑结构如何以不同的方式影响句子的真值。塔斯基对真的定义（Tarski, 1983［1933］）满足了这一要求。正如我们在 2.1 节中提到的，他的定义着重于句子的逻辑结构，这使得它成为定义模型中的真（用于辨别逻辑后承）的适当基础。

为了基于塔斯基的真定义，理解模型中的真定义，我们必须熟悉塔斯基真定义的两个附加特征：①真是根据满足定义的；②定义是递归的。

满足。（在这里）真值载体是句子，但通常，逻辑结构句子的真直接取决于子句的（subsentential）语言表达式的语义特征。例如，"$(\forall x)Px$"的真部分地取决于"Px"的语义特征。因此"$(\forall x)Px$"的真根据一个适用于子句的表达式——所谓的公式——"Px"的概念来间接定义了。满足就是这样一种概念。塔斯基处理这个问题的方法是把他的（句子的）真定义与（公式的）满足定义相结合。

直观上，我们可以这样解释公式和满足的概念：公式——包括句子和子句的表达式——是用来生成逻辑结构句的表达式。例如：使用子句的非逻辑结构公式"Px"生成逻辑结构子句的公式"$\sim Px$"以及逻辑结构句"$(\exists x)Px$"和"$(\forall x)Px$"；使用非逻辑结构句"Pa"生成逻辑结构句"$\sim Pa$"；使用逻辑结构句"$(\exists x)Px$"和"$(\exists x)\sim Px$"生成逻辑结构句"$\sim(\exists x)Px \supset (\exists x)\sim Px$"；等等。

满足的观念及其与真的关系非常简单。例如，＜弗雷格，弗雷格＞这对个体满足关系"$x=y$"，但＜弗雷格，塔斯基＞这对个体不满足；弗雷格和塔斯基满足"x 是逻辑学家"的公式，拜登和数1不满足；＜2，1＞这对数满足公式"$x>y$"，＜1，2＞和＜弗雷格，塔斯基＞这些对子都不满足。满足和真之间的联系是直接的。关于满足所表明的事实使句子"弗雷格=弗雷格""弗雷格是逻辑学家""2>1""有人是逻辑学家"为真，而句子"弗雷格=塔斯基""1是偶数""拜登是逻辑学家""1>2""每个人都是逻辑学家"为假。

递归定义。L 的句子有无穷多个逻辑结构（如"$\sim S$""$\sim\sim S$""$\sim\sim\sim S$"等），但真的定义必须有穷长。这意味着它必须能够在有穷的步骤内处理无穷多个不同的逻辑结构。塔斯基使用递归方法解决了这个问题。

递归方法使我们能够在有穷的步骤内为（具有无穷多样逻辑结构的）全体公式定义"满足"。它是这样做的：一个具有给定逻辑结构的公式是否被一个给定对象（多个给定对象）满足，取决于它的直接组成部分是否被这个（多个）对象满足。由于每个公式都是由 $l$cs（算子）有穷多次应用于较不复杂的公式而生成的，并且在一个公式中，初始的 $l$cs 的出现仅有穷多次，因此每个公式的满足条件在有穷步骤内被确定，而定义作为一个整体是有穷长的。[例如，"$\sim(Px\&Qx)$"被对象 a 满足，当且仅当"$Px\&Qx$"不被对象 a 满足，当且仅当并不是"Px"被对象 a 满足且"Qx"也被对象 a 满足]。

然而，要使递归方法起作用，公式必须以一种特殊的方式生成：每一逻辑结构公式必须以一种独特的方式在有穷步骤内由"基本"（"原子"）元素生成。这是通过运用满足唯一性的归纳定义完成的。[①]

L 的公式（合式公式）

（i）非逻辑结构公式：

如果 P 是 L 的初始 n 元非逻辑谓项，$n>0$，并且 $t_1,\cdots,t_n$ 为 L 的项（个体常项或变项），[②]那么，"$Pt_1\cdots t_n$"是 L 的公式。

（ii）逻辑结构公式：

---

① 归纳定义展示了如何通过有穷多个算子的有穷多次应用，从基本对象生成给定的对象。关于逻辑中归纳（包括唯一生成）和递归的有用说明，请参阅（Enderton，2001，第 1.4 节）。
② 为了简单起见，我省略了函数项，如"生父"（the-biological-father-of）和"后继"（the-successor-of）。

（a）如果t_1和t_2是L的项，那么"$t_1=t_2$"是L的公式。

（b）如果Φ是L的公式，那么"$\sim\Phi$"是L的公式。

（c）如果Φ和Ψ是L的公式，那么"$(\Phi\&\Psi)$""$(\Phi\vee\Psi)$""$(\Phi\supset\Psi)$"和"$(\Phi\equiv\Psi)$"是L的公式。

（d）如果x是L的个体变项，Φ是L的公式，那么"$(\forall x)\Phi$"和"$(\exists x)\Phi$"是L的公式。

（iii）只有通过（i）和（ii）得到的表达式才是L的公式。

这里，基本的原子条目是（i）和（ii）（a），归纳条目是（ii）（b）~（d）。例如，公式"$\sim(Px\&Qx)$"是由"Px"和"Qx"通过两次应用 $l$cs：&和~，以那种顺序唯一地归纳生成。

L 的句子

L的公式是一个句子当且仅当其中没有变项的自由出现。公式Φ中变项x的出现是自由的当且仅当它不被Φ的任何x-量词约束（这里是指"$\exists x$"或"$\forall x$"）。

因此，"$(\forall x)(\exists y)Rxy$"是一个句子，但"$(\forall x)(\exists y)Sxyz$"不是一个句子。

我们现在准备继续进行"在模型中满足"的语义定义（相对于模型的满足的语义定义）。然而，在继续进行这个定义之前，我们需要注意一个技术上的复杂问题。不同的公式有不同数量的自由变项。有一个自由变项的公式由一个对象满足，有两个自由变项的公式由一对对象来满足，以此类推。我们如何表述由给定lc支配的任意公式的满足条件,而不考虑其自由变项的数量？不同的教科书使用不同的技巧来克服这个技术问题。这里我使用"赋值函数"（assignment-functions）的方法。给定一个模型M，M的赋值函数g是一个函数，它将为每个L的变项指派M的论域U中的一个个体。运用这种方法，我们说一个公式被M中的一个给定g满足（或不满足）。

M 中 L 的赋值函数 g

令$M=<U,\ \delta>$为L的模型。

I. g 是一个从 L 变项集到 U 的函数（g 为每个 L 变项恰好指派 U 中的一个个体，可能同一个个体被指派给不同的变项）。

II. g^* 是 g 的扩展：

（a）如果 x 是 L 的变项，那么 $g^*(x) = g(x)$。

（b）如果 c 是（L 的）个体常项，那么 $g^*(c) = \delta(c)$。

（c）如果 P 是（L 的）n 元非逻辑谓项，那么 $g^*(P) = \delta(P)$。

在 M 中公式 ϕ 被 g 满足——递归定义

令 $M = <U, \delta>$ 是 L 的模型，g 是 M 中 L 的赋值函数。

I. 非逻辑结构的合式公式

如果 P 是 n 元非逻辑谓项，$t_1, \cdots, t_n$ 是项，那么"$P(t_1, \cdots, t_n)$"在 M 中被 g 满足当且仅当 $<g^*(t_1), \cdots, g^*(t_n)> \in \delta(P)$。[如果 P 是一个 1 元谓项，那么"P_t"在 M 中被 g 满足当且仅当 $g^*(t) \in \delta(P)$。]

II. 逻辑结构的合式公式

1. 如果 t_1 和 t_2 是项，那么"$t_1 = t_2$"在 M 中被 g 满足当且仅当 $g^*(t_1) = g^*(t_2)$。

2. 如果 Φ 是一个公式，那么"$\sim\Phi$"在 M 中被 g 满足当且仅当 Φ 在 M 中不被 g 满足。

3. 如果 Φ 和 Ψ 是公式，那么：

（a）"$\Phi \& \Psi$"在 M 中被 g 满足当且仅当 Φ 和 Ψ 都在 M 中被 g 满足。

（b）"$\Phi \vee \Psi$"在 M 中被 g 满足当且仅当 Φ 和 Ψ 中至少有一个在 M 中被 g 满足。

（c）"$\Phi \supset \Psi$"在 M 中被 g 满足当且仅当 Φ 在 M 中不被 g 满足，或者 Ψ 在 M 中被 g 满足。

（d）"$\Phi \equiv \Psi$"在 M 中被 g 满足当且仅当：Φ 在 M 中被 g 满足

当且仅当 Ψ 在 M 中被 g 满足。

4. 如果 Φ 是一个公式，x 是一个变项，那么：

（a）"$(\exists x)\Phi$" 在 M 中被 g 满足当且仅当 U 中至少有一个个体 a，使得 Φ 在 M 中被 $g[a/x]$ 满足，其中 $g[a/x]$ 通过将 a 指派给 x（除此以外保持 g 不变）从 g 得到。

（b）"$(\forall x)\Phi$" 在 M 中被 g 满足当且仅当，对于 U 中的每个个体 a，使得 Φ 在 M 中被 $g[a/x]$ 满足，其中 $g[a/x]$ 如前所述。

递归条目是 II.2～4。例如，在 II.2 中，我们看到"$\sim\Phi$"是否被 g 满足怎样取决于 Φ 是否被 g 满足。

例如：令 M_1 和 M_2 如上所述。也就是说，$M_i=<U_i,\ \delta_i>$，其中 $i=1,\ 2$，$U_1=\{$弗雷格，塔斯基$\}$，$\delta_1(a)=$弗雷格，$\delta_1(b)=$弗雷格，$\delta_1(P)=$是逻辑学家，$\delta_1(R)=$是出生早于，$U_2=\{0,\ 1,\ 2,\ 3,\ \cdots\}$，$\delta_2(a)=1$，$\delta_2(b)=2$，$\delta_2(P)=$是偶数，$\delta_2(R)=$小于（$<$）。

令 g_1 和 g_2 为 M_1 中 L 的赋值函数，g_3 和 g_4 为 M_2 中 L 的赋值函数，其中 $g_1(x)=$弗雷格，$g_1(y)=$塔斯基；$g_2(x)=$塔斯基，$g_2(y)=$弗雷格；$g_3(x)=1$，$g_3(y)=2$；$g_4(x)=3$，$g_4(y)=4$。

考虑公式"$a=x$""Px""Pb""$\sim Px$""$(\forall x)Px$""Rxy"和"$(\forall x)(\exists y)Ryx$。"

1. "$a=x$"在 M_1 中被 g_1 满足当且仅当 $g_1*(a)=g_1*(x)$，当且仅当 $\delta_1(a)=g_1(x)$，当且仅当弗雷格=弗雷格；它在 M_1 中被 g_2 满足当且仅当弗雷格=塔斯基。

2.（i）"Px"被 M_1 中 g_1 满足当且仅当 $g_1*(x)=g_1(x)\in\delta_1(P)$，当且仅当弗雷格是逻辑学家；"$Px$"在 M_1 中被 g_2 满足当且仅当塔斯基是逻辑学家。

（ii）"Px"在 M_2 中被 g_3 满足当且仅当 1 为偶数。

3. "Pb"在 M_2 中被 g_3 满足当且仅当 $g_3*(b)=\delta_2(b)\in\delta_2(P)$，当且仅当 2 为偶数；在相同（最终）条件下，"$Pb$"在 M_2 中被 g_4 满足。

4. "$\sim Px$"在 M_1 中被 g_1 满足当且仅当"Px"在 M_1 中不被 g_1 满足，当且仅当 $g_1*(x)=g_1(x)$ 不是一个逻辑学家，当且仅当弗雷格不是一个逻辑学家。

5. "$(\forall x)Px$"在 M_1 中被 g_1 满足当且仅当，对于每个 $a \in U_1$，"Px"在 M_1 中被 $g_1[a/x]$ 满足，当且仅当对于每个 $a \in U_1$，$g_1[a/x](x) = a \in \delta_1(P)$，当且仅当每个 $a \in U_1$ 是一个逻辑学家；"$(\forall x)Px$"在相同（最终）条件下在 M_1 中被 g_2 满足。

6. "Rxy"在 M_1 中被 g_1 满足当且仅当，弗雷格比塔斯基早出生，"Rxy"在 M_1 中被 g_2 满足当且仅当塔斯基比弗雷格早出生。

7. "$(\forall x)(\exists y)Rxy$"在 M_2 中被 g_3 满足当且仅当，对于每个 $a \in U_2$，"$(\exists y)Rxy$"被 M_2 中 $g_3[a/x]$ 满足当且仅当对于每个 $a \in U_2$，有一个 $b \in U_2$，使"Rxy"在 M_2 中被 $g_3[a/x, b/y]$ 满足，当且仅当对于每个 $a \in U_2$，有一个 $b \in U_2$，使 $<a, b> \in \delta_2(R)$，当且仅当对于每个 $a \in U_2$，有一个 $b \in U_2$，使 $a < b$。"$(\forall x)(\exists y)Rxy$"在相同（最终）条件下，在 M_2 中被 g_4 满足。

现在，就像例子 1，2，4，6 一样，常常有这样的情况：一个开公式 Φ 在一个模型 M 中被某个 g（对于 M）满足，而不被另一个满足。然而，对于句子（闭公式）则不是这样。如果 Φ 是一个句子（其中没有变项的自由出现），它在所有 g 下都有完全相同的满足条件。不同 g 之间的差异不会被考虑的，如例子 3、5、7。因此，对于任何句子 S 和模型 M，S 在 M 中被某个 g 满足，当且仅当它在 M 中被所有 g 满足。

因此，模型中的真的定义是：

句子 S 在 L-模型 M 中为真

句子 S 在 M 中为真——用符号表示为：$T_M(S)$——当且仅当 S 在 M 中被任何/每一赋值函数 g 满足。如果 S 在 M 中为假，当且仅当它在 M 中不为真。

很容易看出，"$a=b$""Pa"和"$(\forall x)Px$"在 M_1 中为真，在 M_2 中为假，"Pb"和"$(\exists x)Px$"在 M_1 和 M_2 中都为真，"$(\forall x)(\exists y)Rxy$"在 M_1 中为假，在 M_2 中为真，等等。

接下来，我们定义：

句子集 Γ 在 M 中为真

Γ 在 M 中为真——$T_M(\Gamma)$——当且仅当 Γ 中的每个句子在 M 中都为真。

最后，我们定义"（的）模型"的概念：

S/Γ 的模型

M 是 S/Γ 的模型当且仅当 S/Γ 在 M 中为真 $[T_M(S/\Gamma)]$。

我们现在已经定义了 LC 的语义定义的核心部分。这个定义是指 S 是 Γ 的一个 LC，当且仅当 Γ 的每个模型都是 S 的模型，即当且仅当在每个模型 M 中，对于给定语言 L，如果 Γ 中的所有句子在 M 中都为真，那么 S 在 M 中也为真——$(\forall M)[T_M(\Gamma) \supset T_M(S)]$。

为了确定一个具有确定意义的句子 S 是否是同样具有确定意义的句子集 Γ 的 LC，我们首先将 S 和 Γ 的非 ℓcs 的意义抽象掉，将它们作为模式化变项，并在不同的模型中赋予它们不同的指称。然后，我们检查在每个 L 的 M 模型中，Γ 的所有句子（抽象版）为真，那么（抽象版）S 是否也为真。如果答案是肯定的，那么 S 是 Γ 的 LC；否则，就不是。

一个基于语义定义的 LC 的例子是：

（3）塔斯基是逻辑学家；因此，某物（口语来说，"某人"）是逻辑学家。

用符号将（3）中非 ℓcs 的内容抽象掉，我们得到：

（3'）Pa；因此，$(\exists x)Px$。

（3'）是一个（真正的）LC，因为 $(\forall M)[T_M(Pa) \supset T_M((\exists x)Px)]$。由于（3）具有（3'）的逻辑形式，因此（3）也是一个（真正的）LC。

下面是一个后承的例子，LC 的语义定义（正确地）将它归类为非逻辑后承：

（1）塔斯基是逻辑学家；因此，弗雷格是逻辑学家。

（1）不是（真正的）LC，因为 $\sim(\forall M)[T_M(Pa) \supset T_M(Pb)]$。存在一个模型 M，使得 $T_M(Pa)$ 和 $F_M(Pb)$。一个这样的模型是：

$M = <U, \delta>$,

$U = \{$塔斯基，托尔斯泰$\}$

$\delta(a) = $塔斯基

$\delta(b) = $托尔斯泰

$\delta(P)$=是逻辑学家。

我们还可以根据逻辑后承所表示的对象"模式"来描述逻辑后承。逻辑后承与在所有模型中都有效的对象-拥有-属性和-处于-关系（objects-possessing-properties-and-standing-in-relations）的模式相关，而不管它们的对象是什么。只要一个模型显示个体 *a* 具有属性 *P* 的模式，它就显示了 *P* 非空的模式。只要一个模型显示出至少有一个个体 *a* 与论域中的所有个体处于关系 *R* 的模式，它就显示出论域中每个个体至少有一个个体 *a* 与它处于关系 *R* 中的模式。第一种模式描述了形式（3′）的所有逻辑后承；第二种模式描述了如下形式的所有逻辑后承：

（4）$(\exists x)(\forall y)Rxy$；因此，$(\forall y)(\exists x)Rxy$。

现在我们准备检查 LC 语义定义的适当性。

2.6　适当性与挑战

在本节中，我们根据塔斯基的考虑和我们的观察来检验 LC 语义定义的适当性。

（A）LC 的语义定义是否成功避免了对代入定义提出的两个问题?

这些问题是：（a）对某一给定语言的非逻辑词汇的丰富/贫乏的敏感性；（b）有限的资源，特别是限制到真的实质概念（现实世界中的真）。这些问题导致代入定义只将诸如以下的实质后承分类为逻辑的：

（1）塔斯基是逻辑学家；因此，弗雷格是逻辑学家

和

（2）恰好有一个个体；因此，至少有两个个体

语义定义不存在问题（a）。在这里，我们依赖于可获得的模型而不是可获得的非 *l*cs 来（仅仅）寻找如（1）这样的实质后承的反例。

关于（b）：像（2）这些被代入定义不当处理的实质后承，被语义定义适当地处理了。这是由于在（2）的情况下，尽管在现实世界中有不止一个个体，但存在一些模型，它们的论域只有一个个体，而且在这些模型中，（2）的前提为真，其结论却为假。

即使如此，截至目前我们还没有得到足够的模型信息来排除以下可能性：

所有模型都共享一个特征，从逻辑角度来看，该特征是偶然的，并且使得一些非逻辑后承在所有模型中都是保真的，或者没有足够的模型为所有非逻辑后承提供反例。

塔斯基至少观察到一个与后者相关的问题。他指出了代入定义的一个问题：它不能保证"所有可能的对象"都由 L 的表达式指称（Tarski，1983［1936a］：416，我的强调）。这表明，塔斯基的另一种定义保证了所有可能的对象都被考虑在内，而保证这一点的一种自然方式是将所有可能的个体包括在模型的论域中。但是塔斯基并没有明确地说"所有可能的对象"的范围是什么，我们也不知道他心里想的是什么样的可能性。因此，我们仍然不知道他的模型论装置是否有必要的资源来支持一个足够强的 LC 概念。

这就引出了我们的下一个问题：

（B）LC 的语义定义满足必然性和形式性的适当性条件吗？

用我们的术语来说，塔斯基必须建立的是：

（i）$\Gamma \vDash S \supset \mathbf{Nec}[T(\Gamma) \supset T(S)]$，

（ii）$\Gamma \vDash S \supset \mathbf{For}[T(\Gamma) \supset T(S)]$，

即

（i）$(\forall M)[T_M(\Gamma) \supset T_M(S)] \supset \mathbf{Nec}[T(\Gamma) \supset T(S)]$，

（ii）$(\forall M)[T_M(\Gamma) \supset T_M(S)] \supset \mathbf{For}[T(\Gamma) \supset T(S)]$.

在所有模型中从 Γ 到 S 的真之传递蕴涵着真之必然的和形式的传递吗？

塔斯基声称这个问题的答案是肯定的。在他提出 LC 的语义定义之后，他说，"在我看来，每个理解上述定义内容的人都必须承认，它与日常用法非常一致"（Tarski，1983［1936a］：417）。对他来说，这意味着语义定义满足了必然性和形式性的要求。事实就是如此，塔斯基补充说，"从它的各种后承来看，这一点变得更加清晰。特别是，在这个定义的基础上可以证明，真句子的每一个后承都一定是真的，而且给定的句子之间的后承关系是完全独立于这些句子中出现的非逻辑常项的意义［在这种意义下是形式的］"（Tarski，1983［1936a］：417，我的强调）。

然而，塔斯基从未详细说明他提到的这个证明。这一点，再加上他对必然性的概念未作解释，对形式性的解释不完整，对模型的论域的模态范围没有确定，都表明他并没有充分证明他的定义满足必然性和形式性的要求。这就留给后来的哲学家/逻辑学家去检验。

但这还不是全部。在他论文的最后，塔斯基指出了他的定义中的一个问题：（C）逻辑性问题（ℓcs）。

塔斯基将这个问题描述如下：

> 我完全不认为在以上讨论的结果中……完全解决了［逻辑］后承概念的适当定义问题。相反，我仍然看到几个悬而未决的问题，我在这里只指出其中一个——也许是最重要的。
>
> 我们整个构造的基础是把所讨论的语言的所有语词分为逻辑的和非逻辑的。这种划分当然不是完全武断的。例如，如果我们将蕴涵符号或全称量词包括在非逻辑符号中，那么我们对逻辑后承概念的定义将导致明显与日常用法相矛盾的结果。另一方面，……在逻辑术语中，似乎有可能包括一些通常被逻辑学家视为非逻辑的术语，而不会产生与日常用法截然相反的后果。（Tarski，1983［1936a］：418-419）

这个问题有各种叫法，如"ℓcs 问题""逻辑性问题""逻辑的界定问题"等。这里我将其称为"逻辑性问题"。

问题是，正如塔斯基所指出的那样，在缺乏对 ℓcs 的适当标准或界定的情况下，LC 的语义定义很容易造成明显不正确的结果。如果我们将一些标准的 ℓcs 视为非逻辑的，它将会生成过少：它将许多真正的逻辑后承归类为非逻辑的。如果我们把任何常项都视为逻辑的，它就会生成过多：它会把许多真正的非逻辑后承归类为逻辑的。

例如，如果我们将"="归类为非逻辑的，就会导致生成过少。真正的逻辑后承，例如：

（5）Pa，$a=b$；因此，Pb

就是非逻辑的。首先，在模型中的真定义中对于"="将不再有一个特殊的条目，这个条目根据它的（固定）含义在所有模型中指定它的成真条件。相反，这个同一句子的成真条件将根据 2 元非逻辑谓项的一般条目来确定。其次，会有一些模型，其中 δ 为"="指派如"比什么小（<）"之类的关系，因此，"$a=b$"的成真条件在这些模型中将是："$a=b$"为真当且仅当 $\delta(a) < \delta(b)$。在这样的一些模型中［取决于 $\delta(a)$，$\delta(b)$ 和 $\delta(P)$］，（5）的前提为真，结论为假。如果我

们将逻辑联结词视为非 ℓcs ，也会发生同样的事情。在一些模型中，对 " ⊃ "
赋值∨作为它的指称，结果会是，许多真正的逻辑后承将被判断为非逻辑的。

反之，则会导致生成过多。例如，如果我们把 " 逻辑学家 " " 塔斯基 " 和
" 弗雷格 " 归为 ℓcs ，那么像以下纯粹的 MCs，比如：

（1）塔斯基是逻辑学家；因此，弗雷格是逻辑学家。

将会成为逻辑的。这里， " 逻辑学家 " " 塔斯基 " 和 " 弗雷格 " 的指称将基
于这些常项的实际含义/指称，在模型之外，被提前为所有模型确定。此外，
在模型中的真的定义中，也将为这些常项指派特定的满足条目，同样基于它们
的实际满足/指称。因此， " 塔斯基是逻辑学家 " 和 " 弗雷格是逻辑学家 " 在所
有模型中都是真的。①

我们看到，如果逻辑性（ℓcs）问题没有充分解决，LC 的语义定义就会失
败。我要指出，这个问题也出现在 LC 的代入定义中。如果这个定义把 " 错误
的 " 常项视为逻辑的/非逻辑的，就会导致生成过多和生成过少。这是我们前
面提到的代入定义的第三个问题，并且是否有足够丰富的资源来解决这个问题
值得怀疑。

然而，逻辑性的全部意义超出了塔斯基所指出的范围。

LC 的 " 引擎 " 。ℓcs 的问题不只是一个次要的、技术性问题，这个问题是
在逻辑后承的语义定义的适当性获得正式认可前必须解决的问题。如果不理解
哪些常项或哪类常项生成真正的逻辑后承，即满足必然性和形式性要求（或其
他要求，如普遍性和主题中立性）的后承，我们就无法深入理解 LC。原因是 ℓcs
是逻辑结构的主要组成部分，并且重要的是它们——它们的意义/指称——为句
子之间的逻辑关系负责，包括 LC-关系。这对于 LC 的语义和证明论方法都是
成立的。在前者中，每个 ℓc 在所有模型中都被赋予了一个提前固定的指称，在
一个模型中真/满足的语义定义被指定了一个特殊的条目，正是这些决定了在
所有模型中真是否能从 Γ 传递/保持到 S。在后者中，每个 ℓc 被指派一个或多个
证明规则，正是这些规则决定了 S 是否从 Γ 可证。

不是所有的常项都能起到 ℓcs 的作用。在语义方法下，常项 " 塔斯基 " " 弗
雷格 " 和 " 是逻辑学家 " 生成实质后承而不是逻辑后承。同样的问题也出现在

① 如果模型的论域中没有塔斯基或弗雷格，则需要进行一些调整，例如，通过命令将塔斯基/弗雷格添
加到模型的论域中，或者独立于模型的论域确定上述句子的真值。

证明论方法下。如果证明论方法提供的不是对如"是同一"这样的常项的证明规则，而是为如"和……一样高"的常项提供证明规则，那么这种方法下得到的后承将不是真正逻辑的。

现在，重要的是要认识到，出于深入理解 LC，我们不能通过命令或教条地解决逻辑性挑战，例如，通过宣布，生成真正逻辑后承的常项只有那些标准 ℓcs 和根据这些常项定义的常项。我们不能预先排除其他常项会引起真正的逻辑后承。例如，如果我们将不能由标准 ℓcs 定义的一元量词"大多数"（MOST）处理为逻辑量词，LC 的语义定义将生成像标准 ℓcs 生成的后承一样符合逻辑——一样形式的和必然的。这个量词支配着那些说大多数事物（在一个给定的论域中）具有一种给定属性的句子，它在所有模型中的公式的满足条件是"在一个带有域 U 的模型 M 中，'（大多数 x）Φ' 被 g 满足当且仅当 M 中 $g[a/x]$ 满足 Φ 的 U 中的 a 的数量大于 M 中 $g[a/x]$ 不满足 Φ 的 U 中的 a 的数量"。在此满足条件下，

（6）（大多数 x）Px，（大多数 x）Qx；因此，$(\exists x)(Px \& Qx)$（Rescher，1962）

根据语义定义，（6）将被归类为 LC。而且应当如此。（6）直观上和（7）一样是必然的和形式的。

（7）$(\forall x)Px,(\forall x)Qx$；因此，$(\exists x)(Px \& Qx)$

我们有理由认为"大多数"不是这类常项中的唯一。

此外，我们需要理解为什么——以及实际上是否——标准上被认为合乎逻辑的常项是真 ℓcs（proper ℓcs），即生成真正的（形式的和必然的）逻辑后承的真 ℓcs。

但是我们如何确定哪些常项是逻辑的，或者甚至可接受为逻辑的呢？在 1936 年，塔斯基不知道如何回答这个问题。事实上，塔斯基并不清楚是否会找到一个适当的逻辑性标准。塔斯基完全没有解决这个问题，而且它同关于必然性和形式性的若干未决问题一起，对任何寻求深入理解 LC 语义概念（实际上，也包括证明论概念）的人都构成了严峻的挑战。

第3章　必然性、形式性和逻辑性的挑战

3.1　对必然性、形式性挑战的部分解决方案

克赖泽尔（Kreisel）在 1967 年的一篇论文中，强调了非形式的、直观概念在构建逻辑和数学理论中的重要性。克赖泽尔将他的观点追溯至"这种'旧式的'想法……人们通过分析直观概念并记下它们的属性来获得规则和定义"，这种想法"认为……直观概念是重要的，无论是在外部世界还是在思想中"（Kreisel，1967：138）。克赖泽尔进一步声称，这类重要概念有时乐于接受"非形式的严格性"：通过"充分利用这些直观概念的明显属性"来判定未决问题的精确分析（Kreisel，1967：138-139）。尤其是，他认为完全性定理对非形式的严格性有用。

克赖泽尔用来证明自己观点的一个概念是 LC。他声称，至少在标准一阶逻辑的语境下，我们可以表明，这个概念通过其语义定义接受严格的分析。假定 LC 等同于在所有结构中保真，克赖泽尔说我们需要证明有足够的模型来表示所有结构（这样在所有模型中保真对于 LC 就足够了）。他声称，可以基于标准一阶逻辑的完全性定理（Gödel，1986［1929］）来证明这一点。有几种方法完成证明。其中最简单的是：

（a）通过检验标准一阶逻辑（有穷多）公理（公理模式）和初始证明规则的每一条，我们证实每条公理在直觉上是逻辑真的，每条规则在直觉上是逻辑保真的。

（b）我们断定 LC 的证明论定义提供了对直观概念的严格分析。

（c）基于标准一阶逻辑的完全性定理——$\Gamma \vdash S$ 当且仅当 $\Gamma \vDash S$ ——我们断定，LC 的语义定义也提供了对这个直观概念的严格分析。

与塔斯基不同，克赖泽尔没有对 LC 的严格定义（对他来说，是严格分析）

设定精确的适当性条件。但我们可以很容易地调整上述论证，以表明必然性和形式性的适当性条件得到了满足。为此，我们将扩展步骤（a）以证实标准一阶逻辑的每条公理和证明规则都在直觉上既是必然的又是形式的。

然而，这种论证有明显的局限性。首先，它仅限于标准的一阶逻辑后承。其次，它没有向我们阐明与 LC 相关的有关必然性和形式性的类型——或者，就此而言，"所有结构"的直观范围。最后，它依赖于对特定情形（标准一阶逻辑的公理和初始证明规则）的直觉判断，这种方法的可靠性值得怀疑。为了得到应对必然性和形式性挑战的一般性的、原则上的、理论上的解决办法，我们需要一种不同的方法。

谢尔采用了这样一种方法（Sher，1991），该方法将必然性和形式性挑战的解决方案与逻辑性挑战的解决方案结合在一起，并将这些挑战视为紧密关联的。不过，在继续讨论这些解决方案之前，我们应该谈谈方法论。

3.2　关于方法论的说明

考虑逻辑的基础性，关于逻辑基础问题的讨论面临着严重的方法论障碍：循环性、无限倒退、缺乏解决问题的基础等。因此，为了讨论逻辑性、形式性和必然性的问题无后顾之忧，我们需要一种能够避开这些障碍的哲学方法论。传统上，人们默认，解决基础问题的唯一方法论就是所谓的基础主义方法论。这种方法基于以下原则：①我们的知识体系具有层级结构；②这种结构有一个绝对的基础，它由层级体系的极少量元素组成；并且③层级体系中的每个元素都是且只能是建基于层级体系中比它低的元素。最终，所有元素都建基于那些构成基础的元素。目前，人们普遍认为基础主义的方法论是自拆台脚的（self-defeating）：既然所有非基础元素最终都是建立在基础元素之上，那么基础元素的正确性对于所有其他元素的正确性是至关重要的。这意味着，为基础元素提供真正的基础，对于为我们的整个知识体系提供真正的基础是至关重要的。同时，在结构上不可能为基本元素提供真正的基础，因为根据基础主义的方法，为任何元素提供真正的基础的唯一方法是在层级体系的更低元素上找到它。但在结构上，层级体系中的任何元素都不低于基本元素。因此，不可能为基本元素提供真正的基础，也不可能为我们知识体系中的任何元素提供真正的基础。

现在，当涉及解决逻辑学的基础问题时，这个问题尤其棘手。其原因是，逻辑被普遍认为是一门基础学科，因此，在原则上不可能为逻辑学提供信息量丰富的基础，也不可能以不乞题的方式解决有关逻辑学的基础性问题。鼓励用纯粹实用主义的方法来处理逻辑确实已是一种普遍的观点。对逻辑性、必然性和形式性的基础挑战的实质性解决方案似乎是不可能的。但实际上，并非如此。"要么接受基础主义方法论，要么不能为逻辑提供基础"的表面困境是一个虚假的困境。还有一种基础方法论可选择，即基础整体主义（Sher，2016，第2章和第9章）。

什么是基础整体主义？"整体主义"对不同的人有不同的含义。基础整体主义认为，我们的知识体系是由不同的单元组成的，这些单元以各种各样的方式，既与世界联系，又彼此关联。因此，它使我们能够提供信息量丰富的解释，包括对基础问题的解释，却不受基础主义严格要求的约束。基础整体主义被自然地描述为纽拉特船之喻——一个把我们的知识体系比作海上的船（最初由纽拉特提出，后因蒯因而出名）的比喻。基础主义者相信，当我们遇到问题时——船上有个洞——我们可以把船开到坚实的地面上——这是基础主义者层级体系的基础——去把洞修好，然后再返回到海里。但整体主义者认为坚实的地面是一种错觉。为了解决问题——修补船上的洞——我们仍保持在海上，移动到船上相对完好的那部分，利用船上我们可用的资源，尽我们所能修补这个洞。一旦漏洞被暂时修复，我们就继续我们的旅程，获取新知识，发现、创造新资源，再修补漏洞。

一些哲学家把纽拉特船看作一种融贯主义方法论的代表。我们所能追求的只是与我们其余的信念保持一致。基础整体主义反对这种方法。纽拉特船是一艘探险船，一艘比格尔船或维多利亚号，其任务是研究外面的大海及其环境（世界）。知识，宽泛地理解，是关于这个世界的知识，但并不存在阿基米德支点。为了认知这个世界，我们从我们所处的地方开始，使用可用的工具，运用我们的批判和创造能力，开始或继续理论化。理论化通常涉及一种往复运动。从现有的元素开始，我们开发新的元素，然后使用这些元素（连同我们沿途发现或发展的其他元素）重新检查我们起始的元素，替换、修改或保留这些元素，然后继续前行。整合各个领域的知识是自然的（*par de course*），局部循环①也是自然的。这是人类在实现理论化方面取得进展的方式，也是有关逻辑的基础问

---

① 所谓"局部循环"，我指的是只涉及这个解释中所使用的少数元素的循环（所以这个解释在很大程度上是非循环的）。此外，即使是这种有限的循环也可以在以后的阶段使用纽拉特船的方法解除。

题在原则上得以解决的方式。

我们现在准备提出一个相互交织的解决方案，以应对逻辑性、形式性和必然性的挑战。

3.3　应对逻辑性挑战的一般的不变性解决方案：同构不变性标准

对逻辑性、形式性和必然性挑战的综合解决方案始于对逻辑性的标准的寻找，其指导要求是产生既必然又形式的后承。这种方法是谢尔在（Sher，1991）中探求的，其中的根本问题是：

> 塔斯基的"逻辑后承"定义为其给出结论的、与（C1）［必然性准则］和（C2）［形式性准则］相一致的逻辑术语［常项］的最广的概念是什么？（Sher，1991：44）

然而，起初，对这个问题提供了肯定答案的标准并不是在考虑了这个问题的情况下逐渐形成的。它以一种在数学中非常常见的方式发展起来：通过对早期发展的推广。这始于莫斯托夫斯基（Mostowski，1957）对标准一阶逻辑量词∀和∃的推广，由此产生了它们这类逻辑量项即第 2 级的 1 元谓项的一般标准。第二步是所有类型常项的逻辑性的一般标准，由林德斯特伦（Lindström，1966）和塔斯基（Tarski，1966/1986）独立提出。林德斯特伦进一步推广了莫斯托夫斯基的推广；塔斯基通过推广克莱因（Klein，1872）关于几何的埃尔朗根计划（Erlangen program），从一个完全不同的方向得出了他的标准（塔斯基的推广是在 1966 年的一次演讲中提出的，直到 1986 年发表，这篇演讲才为人所知，但后来影响很大）。所有这些推广促成了相似（如果不是完全相同）的标准。

然而，值得注意的是，所有这些标准——莫斯托夫斯基的、林德斯特伦的和塔斯基的——都完全脱离了 LC 的语义定义及其语义定义所提出的逻辑性问题。甚至塔斯基的演讲也没有提及他 1936 年的论文（Tarski，1983［1936a]）。此外，在他 1966 年的演讲中，塔斯基明确否认他对 lcs 的处理与寻求对逻辑本质的普遍理解之间有任何联系，"让我提前告诉你，在回答'什么是逻辑概念？'这一问题中……我将不讨论'什么是逻辑?'这个一般性问题……（我也不）

关心……逻辑真［逻辑后承］的问题"（Tarski，1966/1986：145）。像"什么是逻辑？"这类问题，最好留给哲学家们来讨论。

既然在本书中，我们对逻辑性的一般标准的兴趣集中在它与 LC 概念的联系上（以及它与"什么是逻辑？"这个一般性问题的联系上），所以我们将基于谢尔 1991 年的著作及之后的论著并随着这一联系的发展来提出这个标准。

为了解释这一标准的哲学动机，我们采用了功能方法。我们从功能问题开始："逻辑（LC 理论）的'存在理由'或功能（角色，任务）是什么？"我们关注这个问题的认知层面：逻辑在人类追求知识过程中的功能。注意到人类旨在追求世界的真知识（如世界实际所是有关世界的知识），却被各种各样的限制和障碍所阻碍，很明显，我们极大受益于拥有一种强大的推理（后承）方法，这种方法使我们能够在已有知识的基础上获得新的知识。这种方法在所有的知识领域——也就是普遍地——以一种特别强大的力量把真从我们已经知道为真的句子传递到我们还不知道其为真的句子。这是一种什么样的力量？正是从这种力量中我们得出了必然性的要求。我们正在讨论的这种方法"原则上"将真从一些句子传递到另一些句子，也就是说，以一种不依赖于我们的实际情况的偶发事件的方式，即必然地传递真。形式性从何而来呢？正如我们很快将看到的，形式性确保 LC 系统地、具有特别强模态力地传递真。

由莫斯托夫斯基、林德斯特伦和塔斯基发展的逻辑性标准中有一个共同的想法，这就是不变性。不变性是什么？让我从一般的不变性开始，而不是特定的逻辑不变性，给出我自己的理解。最简单的形式是，不变性是一种 2 元关系：

X 在 Y 下是不变的。

直觉上，说 X 在 Y 下是不变的，就是说 X 对类型 Y 的变化不"理会"、不"关注""无视""免疫"或不"受影响"。它是从这种变化中"抽象"出来的。物理学中的一个例子：狭义相对论的定律（X）在惯性参照系（Y）变化的情况下是不变的。它们在所有这样的参照系中都是一样的。它们不在乎用一个惯性系替换另一个惯性系，因此不受其影响。

根据 X 和 Y 的不同，不变性有很多种类型。用于解决逻辑性问题的不变性将 X 视为一个属性，将类型 Y 的变化视为一个 1-1 且到上[①]的个体的替换（在域内和跨域）。我们可以称这种不变性为"属性不变性"。这里的"X 在 Y 下是

---

① 关于术语"1-1""到上"，请读者参考集合论著作，如晏成书，《集合论导引》，中国社会科学出版社，1994，第二章第 4 节。——译者注

不变的"意味着"属性 X 在所有 1-1 且到上的个体的替换（在域内和跨域）下是不变的。"当我在本节中谈论不变性时，通常指的是这种意义上的属性不变性。

要理解属性不变性，我们首先要注意属性在性质上通常是有选择性的。它们"注意""适应""察觉""辨别"个体之间的某些差异，而不会对其他差异也这样。因此，它们区分了一些个体，而不是所有个体。例如，第 1 级属性"是人"（is-a-human）可以区分塔斯基和珠穆朗玛峰，但不能区分塔斯基和（梅丽尔）斯特里普，也不能区分珠穆朗玛峰和数 1。你可以将塔斯基替换为斯特里普，或者将珠穆朗玛峰替换为 1，而属性"是人"不受影响。但如果你用珠穆朗玛峰（或 1）替换塔斯基，它将会受影响。这可以用"不变性"来表示：在将塔斯基替换为斯特里普和珠穆朗玛峰替换为 1 时，"是人"是不变的，但在将塔斯基或斯特里普替换为珠穆朗玛峰或 1 时，"是人"不是不变的。一般来说，对于任何第 1 级的 1 元属性 P，P 在所有有 P 的个体被有 P 的个体替换和没有 P 的个体被没有 P 的个体替换的情况下都是不变的，但在任何有 P 的个体被没有 P 的个体替换的情况下 P 不是不变的（反之亦然）。

这很容易推广到第 1 级的 n 元属性，$n>1$（见后面），以及更高级的属性。对于后者，可以考虑第 2 级的 1 元属性"是一种地质属性"（IS-A-GEOLOGICAL-PROPERTY）。这种属性并不区分具有（第 1 级）地质属性的不同个体。它也不区分不具有地质属性的不同个体。但它确实区分了拥有和不拥有地质属性的个体。因此，"是一种地质属性"不区分任何两座山（具有'是一座山'的第 1 级属性的个体），任何两个峡谷，任何山和峡谷，等等。它也不区分任何两个人，任何两个数，任何人和数，等等。但它确实区分了山和人，山和数，等等。就不变性而言，这种第 2 级属性在某些个体替换下是不变的，而在其他替换下则并不如此。这可以扩展到任何级和元数。①

这样，我们就可以根据属性的不变性对其进行一般的分类。然而，如果我们想要准确地识别属性的不变性，就不能将自己局限于现实个体的替换。如果我们将自己局限于现实的个体，那么具有相同现实外延的属性（例如，"有心脏"和"有肾脏"）之间的选择差异将是不可见的。即使在其他情况下，我们也需要考虑反事实的个体，以便理解属性的选择性。考虑"有质量"（has-a- mass）

---

① 读者可能会想，为什么适用于第 2 级属性的不变性是个体替换下的不变性，而不是第 1 级属性替换下的不变性。答案是，我们的任务是区分逻辑属性和非逻辑属性，并且由于各种原因，前者适合，而后者不适合这个任务（有关要点见第 35 页脚注①，第 36 页脚注①，第 37 页脚注①）。

（某种质量，这种或那种）。这一属性的选择性取决于它的满足条件，而这些条件并不区分现实的和反事实的物理个体（因此，为了使得这一属性的选择性/不变性恰当，我们必须认识到，如果地球有第二个卫星，"有质量"将无法将其与现实的卫星区分开来）。

在我们讨论的这个阶段，不需要确定反事实个体的确切范围或使用任何特殊装置来谈论它们。我们只是简单地谈论现实和/或反事实的个体，或者更简单地说现实-反事实的个体，在直觉的、常识的、前理论的意义上，不限制它们的范围。自此之后，"个体"，我们指的是"现实-反事实的个体"（稍后我们将更多地讨论现实-反事实个体的范围，因为它与逻辑有关）①。

现在我们准备定义"属性 P 在替换函数 r 下是不变的"这个概念。

P 在 r 下是不变的 –INV(P,r)：

非形式的版本。对于任何属性 P，个体域 D，D 中 P 的主目（或主目的 n 元组）β，以及 D 上的替换函数 r（其中 r 的值域是 D'），P 在 r 下是不变的当且仅当，β 在 D 中具有属性 P 当且仅当，在 D' 中 β 在 r 下的像具有属性 P。

精确版本：令 D_1、D_2 为域——现实-反事实个体的非空集合。令 r 是一个从 D_1 到 D_2 上的 1-1 替换函数（可能 $D_1=D_2$）。我们说 r 被关联到（is indexed to）$<D_1, D_2>$。

为了使"P 在 r 下是不变的"——"INV（P，r）"——的定义尽可能清晰，我着重讨论三种简单的情形：

情形 1：P 是一个第 1 级的 1 元属性；r 是一个替换函数，被关联到 $<D_1, D_2>$。

$$\text{INV}(P,r) =_{\text{Df}} (\forall x)(\forall y)[[x \in D_1 \,\&\, y \in D_2 \,\&\, y = r(x)] \supset (Px \equiv Py)]。$$

更简明地说，我们可以将 r 看作被关联到单个定义域 D，在这种情形下，第二个域是 r 的（确切的）值域。然后我们定义：

$$\text{INV}(P,r) =_{\text{Df}} (\forall x)[x \in D \supset (Px \equiv P(r(x)))]。$$

情形 2：P 是一个第 1 级的 n 元属性，$n>1$；r 和上面一样。用简洁的方式定义：

---

① 如果你想知道数学个体是现实的还是反事实的，这取决于一个人对这些个体的理解，它不影响目前的讨论（有关数学个体的相关方法，请参见 4.6（c）节）。

$$\text{INV}(P,\ \textbf{r}) =_{\text{Df}} (\forall x_1)\cdots(\forall x_n)[<x_1,\cdots,x_n> \in D_n \supset [P(x_1,\cdots,x_n)$$
$$\equiv P(\textbf{r}(x_1),\cdots,\textbf{r}(x_n))]]$$

情形 3：**P** 是第 1 级 1 元属性的第 2 级 1 元属性；**r** 如前所述。

$$\text{INV}(\textbf{P},\textbf{r}) =_{\text{Df}} (\forall P_D)[\textbf{P}(P_D) \equiv \textbf{P}(\textbf{r}^*(P_D))]\ ,$$

其中：

（a）P_D 是（第 1 级）属性 P 在 D 中的外延

（b）$\textbf{r}^*(P_D)$ 是 P_D 在 **r** 下的像。[①]

对于任何 P（任何层级和元数）的 INV（P，**r**）的完整定义是这些部分定义的自然延伸。

示例：

P_1：是人（is-human）

P_2：是与……同一（is-identical-to）（=）

$\textbf{P}_3$：是一种地质属性

$\textbf{P}_4$：是非空属性（是非空）

D_1：{塔斯基，珠穆朗玛峰，1}

D_2：{斯特里普，大峡谷，2}

r_1，r_2 都被关联到 $<D_1,\ D_2>$；

r_1（塔斯基）=斯特里普，r_1（珠穆朗玛峰）=2，r_1（1）=大峡谷

r_2（塔斯基）=2，r_2（珠穆朗玛峰）=大峡谷，r_2（1）=斯特里普

很容易看出：

（i）P_1 在 r_1 下不变，但在 r_2 下不是不变的。[②]

（ii）P_2 在 r_1 和 r_2 下都是不变的。[③]

（iii）$\textbf{P}_3$ 在 r_2 下不变，而在 r_1 下不是不变的。[④]

---

① 注意，虽然 r 是对 D 的个体的替换，但 r* 是由 r 引出的限制到 D 的第 1 级属性（P_D）的替换。r（个体上的函数）引出了 r*（第 1 级属性上的函数）这一事实意味着我们可以通过关注个体来确定第 2 级属性的不变性。

② r_1 把人指派给人，把非人指派给非人；r_2 不是这样。

③ 这源于两个 r 都是 1-1 函数的事实。

④ D_1 有三个个体，因此 D_1 有（由外延等值确定的）8 个不同的第 1 级属性（P_{D_1}）。由于地质个体具有地质属性，而非地质个体没有地质属性，外延上 D_1 和 D_2 上唯一的第 1 级地质属性是 P_{D_1}{珠穆朗玛峰}和 P_{D_2}{大峡谷}（为了简单起见，我不考虑 ∅）。{珠穆朗玛峰}在 r_2 下的像是{大峡谷}。即限制到 D_1 的每个第 1 级地质属性在 r_2 下的像是限制到 D_2 的第 1 级地质属性，限制到 D_1 的每个非地质第 1 级属性在 r_2 下的像是限制到 D_2 的非地质第 1 级属性。这不是 r_1 的情形。

（iv）P_4 在 r_1 和 r_2 下都是不变的。[①]

极大不变性。每个属性在某个（些）1-1 且到上的个体替换下是不变的。这是不足道的，因为每个属性在个体的同一替换下，也就是，在每个个体被自己替换下，都是不变的。但正如我们刚才看到的，在非不足道的替换下，许多属性也是不变的。是任何属性都在所有替换下不变吗？我们已经看到，不是所有的属性都是这样的。例如，"是人"和"是一种地质属性"就不是，并且很容易看出，大多数与日常生活、科学和哲学相关的属性都不是。然而有些属性在所有替换下都是不变的。无论在什么域中，无论什么个体以 1-1 且到上的方式替换，都不会影响这些属性被满足（或拥有）。这些属性不会"注意"任何个体之间的差异，不管是现实的还是反事实的。它们是一种非常特殊的属性。它们可能会关注一些东西（我们稍后会发现它们），但只关注那些完全独立于所涉及的个体是"谁"（什么）的东西。我们说这些属性是极大不变的。我们定义如下：

极大不变性

P 是极大不变的 当且仅当 $(\forall r)$（P 在 r 下是不变的）。

用符号表示：

$\text{Max} - \text{INV}(P) \text{ iff } (\forall r) \text{INV}(P, r)$。

极大不变性的独特特征，即不区分任何个体，长期以来被认为是逻辑的特征。

一般……逻辑……对知性的处理不考虑知性所指向的对象之间的差异。（Kant，1929［1781/1787］A52/B76）

纯粹的逻辑……忽略对象的特殊特性。（Frege，1967［1879］：5）

逻辑量词不应该允许我们区分［论域］的不同元素。（Mostowski，1957：13）

很容易看出，所有由标准的 ℓcs 表示的（或可定义的）属性都是极大不变的，而所有非逻辑属性的范例［例如，"是塔斯基"（is-tarski），"是逻辑学家"

---

① 这源于这样一个事实，即两个 r 都是函数，并且不能把我们从一个个体对应到无，也不能把我们从无对应到一个个体（相反，属性上的 1-1 且到上的函数可以将我们从一个非空属性对应到一个空属性）。

（is-a-logcian），"是一种地质属性"]都不是极大不变的。对于前者，例如，同一性和**非空性**（存在量词属性）。之前，我们看到它们在 r_1 和 r_2 下都是不变的，但实际上它们在所有 r 下都是不变的。①这也适用于"普遍性"[全称量词属性："是普遍的"（IS-UNIVERSAL）（在给定的域内）]，"补"（COMPLEMENTATION），"交"（INTERSECTION），"并"（UNION），"包含"（INCLUSION）——即谓项公式（例如，"～Pt"）中的否定-、合取-、析取-和条件-属性，"恰好两个"（EXACTLY-TWO）（可由标准 $l$cs 定义），等等。

为了使我们的讨论与逻辑和哲学文献保持一致，我要表明的是极大不变性通常被称为"同构下的不变性"（Sher，1991）和"双射下的不变性"（Bonnay，2008）。我们有：

> **极大不变性≈所有双射下不变性≈所有同构下不变性：**
>
> P 是极大不变的当且仅当
>
> P 在所有双射下不变，当且仅当
>
> P 在所有同构下不变（是同构不变的）。

在历史和哲学上，（所有）同构下的不变性这个概念特别重要。现在，我将给出这个概念的一个独立定义，首先从结构的概念（正如这里所使用的）开始：

> **结构**
>
> 结构 S 是一有序对 $<D, \beta>$，其中 D 是一个个体的非空集合，β 是 D 中的一个个体，D 中的一个 n 元个体组（$n>1$），在外延上表示的、D 中的一个 k 元个体属性（$k>0$），或者是上述任意一个的 m 元组（$m>1$）。②
>
> 例如：

---

① 由于在第 35 页脚注③、第 36 页脚注①中提到的原因。注意，尽管第 2 级属性"是非空"（IS-NONEMPTY）在所有个体替换下都是不变的，但它在所有第 1 级属性替换下却不是不变的。具体来说，它在用空属性替换非空属性时不是不变的。这就是为什么我们需要通过个体的替换来引出属性的替换的原因。

② 读者可能会想知道结构（此处使用的）和模型之间的关系。所有的模型——$<U, \delta>$——是结构 $<D, \beta>$，但反过来不行：结构不需要与语言相关联（β 可以是纯粹的对象，与特有的词汇无关），但当它们有所关联时，这种语言并不需要被限制为预先确定为非逻辑的常项。

（i）$<N, 1>=<\{0, 1, 2, \cdots\}, 1>$是一个结构（但$<N, -1>$不是一个结构）。

（ii）$<N,$ 小于$>=<N, \{<0, 1>, <0, 2>, <1, 2>, \cdots\}>$是一个结构。

（iii）$<D=\{$塔斯基，托尔斯泰$\},$ "是逻辑学家"$>=<\{$塔斯基，托尔斯泰$\}, \{$塔斯基$\}>$是一个结构。

（结构的）同构

结构$S_1=<D_1, \beta_1>$和$S_2=<D_2, \beta_2>$的同构是一个从D_1到D_2的1-1且到上的函数（双射）r，使得$r^*(\beta_1)=\beta_2$，其中如果β_1是个体，那么$r^*(\beta_1)=r(\beta_1)$；否则，$r^*(\beta_1)$是β_1在r下的像。如果存在一个S_1和S_2的同构，我们称S_1同构于S_2，用"$S_1\cong S_2$"表示。

示例：

（i）$<N, 1>$同构于$<N, 2>$和$<P, 2>$（P是正整数的集合：1，2，3，$\cdots$），但它不同构于$<N, <1, 2>>$或者$<R, 1>$（R是实数集）。

（ii）如果$D=\{$塔斯基，托尔斯泰$\}$，那么$<D,$ "是逻辑学家"$>$同构于$<D,$ "是小说家"$>$，但不同构于$<D,$ "是人"$>$。

如果$S_1\cong S_2$，我们说S_1和S_2在结构上相同。

现在我们转向一种特殊的结构，它与同构不变性有关。首先，我们定义：

论域 D 中属性 P 的一个主目 β

如果P是一个n元属性，$n>0$，D是论域，那么：

（a）如果P是第1级属性，那么D中任意n元个体组都是D中P的一个主目。

（b）如果P是第1级的m元$i_1, \cdots, i_m$属性的第2级属性，则第1级属性P_D的任意m元组$i_1, \cdots, i_m$都是P在D中的一个主目β。[①]

---

① 一个1元个体/属性就是一个个体/属性。

示例：

令 $D=\{a, b\}$

（ i ）D 中第 1 级的 1 元属性 P（"是逻辑学家""是同一的"）的主目是 a, b。

（ ii ）第 1 级的 2 元属性 R ["是同一"（=），"是高于"] 在 D 中的主目为 $<a, a>$，$<a, b>$，$<b, a>$，$<b, b>$。

（ iii ）D 中第 2 级的 1 元属性 $\boldsymbol{P}$（"是非空"（∃），1 元"大多数"（MOST），"是一种地质属性"的主目为 $\varnothing$，$\{a\}$，$\{b\}$，$\{a, b\}$。

接下来，我们定义：

属性 P 的结构

如果 P 是一个属性，D 是一个论域，β 是 P 在 D 中的一个主目，则 $S=<D, \beta>$ 是 P 的结构。

示例：

令 D，P，R，$\boldsymbol{P}$ 和前面的例子一样。那么：

（ i ）P 的 D 结构为 $<D,a>,<D,b>$。

（ ii ）R 的 D 结构为 $<D,<a,a>>,<D,<a,b>>,<D,<b,a>>,<D,<b,b>>$。

（ iii ）$\boldsymbol{P}$ 的 D 结构为 $<D,\varnothing>,<D,\{a\}>,<D,\{b\}>,<D,\{a,b\}>$。

我们现在准备定义"（所有）同构下的不变性"：

（所有）同构下的不变性

属性 P 在（所有）同构下是不变的，当且仅当：对于 P 的任意两个同构结构，$S_1=<D_1, \beta_1>$ 和 $S_2=<D_2, \beta_2>$，β_1 在 D_1 中具有 P 属性当且仅当 β_2 在 D_2 中具有 P 属性。

非形式地说：

属性 P 在（所有）同构下是不变的，当且仅当，P 不区分 P 的任何两个同构结构，$<D_1, \beta_1>$ 和 $<D_2, \beta_2>$。也就是说，β_1 在 D_1 中具有 P 当且仅当 β_2 在 D_2 中具有 P。

有了这个，我们就可以制定出针对逻辑性挑战的一般解决方案。继麦吉（McGee，1996）和费弗曼（Feferman，1999）之后，这个解决方案有时在文献中被称为"塔斯基-谢尔论题"（Tarski-Sher thesis）（Tarski，1966/1986；Sher，1991）。

对逻辑性挑战的一般解决方案
属性的逻辑性标准（塔斯基-谢尔论题）。
一个属性是逻辑的当且仅当它在所有同构下是不变的（它在所有双射下是不变的，它是极大不变的）。

示例：

逻辑属性："＝"，"补"（∼），"交"（＆），"并"（∨），"包含"（⊃），"等值"（≡）（EQUIVALENCE），"非空"（∃）（NONEMPTINESS），"普遍性"（∀）（UNIVERSALITY），"恰好两个"（EXACTLY-TWO），1元和2元"大多数"（MOST），"有穷多"（FINITELY-MANY），"不可数多"（UNCOUNTABLY-MANY），"是良序的"（IS-WELL-ORDERED），"是良基的"（IS-WELL-FOUNDED）。

非逻辑属性：是塔斯基，是弗雷格，是逻辑学家，是人，是一种地质属性，是……的原因。

塔斯基-谢尔论题下"*P*是逻辑属性"的意义。

"*P*是逻辑属性"意味着*P*是谓词/数理逻辑系统中 ℓc 的所指的一个可接受的候选者（不是说*P*在每一个这样的系统中都是或必须是某 ℓc 的所指）。

对塔斯基-谢尔论题中塔斯基和谢尔双方的评论。从技术上讲，这个论题的塔斯基版本和谢尔版本的不同之处是，普遍认为塔斯基主张的标准比谢尔主张的更弱，即置换（permutations）（自同构）[①]下的不变性而不是同构下的不变性。塔斯基是否真的意味着这个不变性的较弱类型，有待明确（塔斯基经常假设的背景设置在许多方面与今天使用的背景设置不同）。尽管如此，重要的是要认识到置换下的不变性（正如今天所理解的那样），是同构下的不变性的一个有缺陷的版本。置换不变性的问题可以在下面的例子中看到（麦吉1996年版的一个变体）。考虑第2级属性"袋熊-非空"（WOMBAT-NONEMPTINESS）

---

① 置换：从*D*到自身上的1-1函数*p*。引出相同域的结构同构（自同构）。

（w），定义为：对于任一第 1 级的 1 元属性 P，$w(P)$ 当且仅当 P 在有袋熊的域中非空（作用如 $\exists$），而在所有其他域中是普遍的（作用如 $\forall$）。这个属性显然不是极大不变的，因为它并不是无视袋熊和非袋熊之间的差异，但它满足置换不变的标准。然而，"袋熊-非空"不满足同构不变性标准。塔斯基-谢尔论题主张同构不变性（而不是置换不变性）作为逻辑性的标准。

在哲学上，塔斯基和谢尔受不同的兴趣促动。特别是，谢尔受"逻辑是什么？"以及与 LC 的语义定义相关的逻辑性问题所激励，而塔斯基不是（参见本章前面的讨论）。这是一个显著的区别。这部分反映在这样一个事实上：对必然性和形式性问题的一般（不变式）解决方案（3.4 节）是基于谢尔而不是塔斯基。关于"逻辑是什么？"的进一步讨论将在第 4 章进行。

将逻辑性标准从属性延伸到谓词常项。对客观实体的标准，林德斯特伦（Lindström，1966）和塔斯基（Tarski，1966/1986）都确切地表述了各自的版本。我们已经确切表达了客观实体（具体地说，属性）的逻辑性标准。谢尔（Sher，1991）也确切表达了她关于语言实体标准的版本。

（谓词）常项的逻辑性标准（Sher，1991）[①]

（谓词）常项 C 是逻辑的当且仅当

（a）C 指称一个与 C 具有相同层级和元数的属性 P，并且

（b）C 的指称在现实-反事实个体的所有论域中被预先定义，因此也对所有模型预先定义，并且

（c）C 是一个严格的指示符；它的指称由一个外延函数定义，并等同于它的外延，[②]并且

（d）C 的指称 P^C 在所有同构（P^C-结构）下都是不变的，即 P^C 是一种同构-不变性的属性，因此它以相同的方式作用在模型内和模

---

① （i）为了更清楚，这个公式包含一些冗余。（ii）原来的表述也适用于个体常项（"塔斯基"）。现在的表述通过谓词"是与塔斯基同一"（is-identical-to-Tarski）应用于个体常项。两种表述下，个体常项都不是逻辑的。

② 澄清：（i）ℓcs 是一种特别强意义上的严格指示：它们在所有形式上可能的域/论域（见下文）中都有相同的指称，包括那些物理上或形而上学上不可能的。

（ii）逻辑性标准与我们把握 ℓcs 意义的方式无关（MacFarlane，2015）。这是由于这一事实，即它是为了解决一个与理解条件（grasping-conditions）无关的问题（LC 语义定义的充分性）而被设计的。

（iii）将 ℓcs 等同于外延并不能消除它们在指称给定外延属性的方式（和所需步骤数）方面的差异；例如，"$\exists$"和"$\sim\forall\sim$"。

型间的所有同构结构中。

ℓcs 和非 ℓcs 的例子：上面例子中逻辑和非逻辑属性的引用名称（quotation names）。①

将逻辑性标准扩展到句子联结词。尽管对于谓词/属性而言结构是个体和属性的结构，但对于句子常项而言结构是（类似于）事态的结构。通过用后一种结构替换前一种结构（Sher，2016：278-279），我们将逻辑性标准扩展到这类常项。前一种结构的原子元素是个体；后一种的原子元素是原子事态（原子句的相关物）。谓词/属性的逻辑性的不变性标准基于个体的替换，句子联结词/算子的逻辑性的不变性标准基于原子事态的替换。

现在，在谓词/属性结构中，每个原子元素（域中的个体）要么有要么没有给定的属性。②在句子-结构中，每个原子元素（原子事态）要么是事实要么不是事实。我们可以用符号"+"和"−"来表示。相应地，同构不变性（在所有的 1-1 且到上的个体替换下保持属性的不变性）的相关者是在所有原子事态的 1-1 替换下保持+和−的不变性。

句子常项的逻辑性标准（Sher，1991，2016）

句子常项 C 是逻辑的，当且仅当它指称一个算子 O，这个算子在所有原子事态的 1-1 替换 r 下是不变的，保持+（是事实）和−（不是事实），即当且仅当：$(\forall r)[O(S_1,\cdots,S_n)$ 是+iff $O(r(S_1),\cdots,r(S_n))$ 为+]。

这个标准等价于通常的句子联结词的逻辑性的真值函数性标准。因此，它不考虑个体域。③

注意：在谓词逻辑中，句子联结词以两种形式出现：作为句子常项——例如，在形式"$S_1 \& S_1$"语境中的"&"；作为谓词常项——例如，在形式"$Px \& Qx$"

---

① 进一步的例子见 6.1 节。
② 或者通过较低级属性来引出具有或不具有给定的较高级属性。
③ 相反，林德斯特伦将句子联结词视为一种定义在个体域上的特殊类型的 n 元量词（Lindström，1966）。这在技术上是方便的，但在哲学上，它引入了一个与联结词无关的因素——个体。这样一来，使逻辑联结词变成非真函数了（因此，林德斯特伦认可一个这样的逻辑联结词，它在具有 k_1 个个体的域中表现得像&，而在具有 k_2 个个体的域中表现得像∨，其中 $k_1 \neq k_2$，但谢尔不认可）。

和"$Px\&Qy$"语境中的"$\&$"。在前一种情况下,"$\&$"指称一个真值函项,在后一种情况下,它分别指称∩和×(笛卡儿积,Cartesian product)。在模型真的语义定义中,"$\&$"的两个版本结合在一起,其中由逻辑联结词决定的句子的真值条件可以用两种等值的方式表述。考虑句子"$Pa\&Qa$"。在模型 $M=<U,\delta>$ 中它的真值条件的两个版本分别是:①"$Pa\&Qa$"在 M 中为真当且仅当"Pa"和"Qa"在 M 中都为真;②"$Pa\&Qa$"在 M 中为真当且仅当 $\delta(a)\in\delta(P)\cap\delta(Q)$。很明显,①和②是等值的。

为了简化讨论,我将逻辑性标准的属性/谓词和算子/联结词版本都称为"同构不变性标准"(将算子视作属性)。这为逻辑性挑战带来了一个简洁的一般解决方案:

对逻辑性挑战的一般不变性解决方案

一个属性/常项是逻辑的当且仅当它是同构不变的。

我们的下一个任务是评估这个解决方案。

对逻辑性挑战的一般不变性解决方案的评估。为了一般地解决逻辑性挑战,同构不变性标准必须将所有且仅是引起必然的和形式的后承的属性/常项归为逻辑的。更具体地说,这个解决方案的适当性取决于对于 ℓcs 的任何选择是否满足同构不变性标准,LC 的语义定义所认可的所有后承是否都是形式的和必然的。我们稍后将看到,这个问题的答案原则上是肯定的。

3.4 应对必然性、形式性挑战的一般的不变性解决方案

解决必然性和形式性挑战的一般方案必须做三件事:第一,它必须解释必然性和形式性起初是如何进入逻辑的;第二,必须解释适当的 LC 定义的形式性和必然性要求的内容,特别是需要什么样的形式性和必然性;第三,必须显示出在使用逻辑性的同构不变标准时,LC 的语义定义满足了形式性和必然性的要求。我们已经在 2.3 节和 3.3 节部分讨论了第一个问题,我们将在第 4 章进一步讨论它。第二和第三项任务是本节的主题。本质上,对必然性和形式性的挑战的解决方案是基于(A)逻辑性(同构不变性)和形式性之间的联系,(B)形式性和一种特别强的必然性之间的联系:

A. 同构不变性 ↔ 形式性

B. 形式性 → 强必然性

这些联系和它们的一些影响在下面论题 1~5 中详细说明。

论题 1：同构不变性在强结构性意义上是形式性。

解释：满足逻辑性同构不变标准的属性的最显著特征是它们对任何个体之间的差异的不在意。同构不变的属性无视这类差异。如果它们对（任何论域中的）任何东西都成立，它们就对所有可以通过现实–反事实的个体的 1-1 且到上的替换获得的东西成立。

但是，如果同构不变的属性不能区分任何个体，那么它们能区分什么呢？同构不变的属性辨别个体具有属性和所处关系的形式的或强结构性的模式。它们区分不同的形式模式以及这些模式和非形式模式 [包括缺乏模式的排列（arrangement）]。例如，同一性辨别类型 $<a,a>,<b,b>$···的模式，它区分这些模式和任何其他个体对（pairs of individuals）模式（以及无模式对或随机对）；**非空**辨别类型 $<D, B>$ 的模式，其中 B 为非空（即形如 $<D, \{a, \cdots\}>$ 的模式），它还区分这些模式与所有其他模式（包括 $<D, \varnothing>$）；"普遍性" 辨别类型 $<D, D>$ 的模式，并区分这些模式和所有其他模式（包括 $<D, B>$，其中 $B \subset D$）；等等。

同构不变的（极大不变的）属性区分的模式是强结构的或极大结构的。它们具有很强的结构性，不区分任何同构的结构或模式。对这类属性而言，所有同构模式都是相同的。每个同构不变的属性都辨别出一种特定的强结构性的模式，并将该模式与所有其他模式（无模式集合）区分开来。[1]

在所有同构下不变这种意义上，强结构性自然被视为形式性。这样看来，同构不变性标准是形式性方面的逻辑性标准。根据论题 1，逻辑属性/常项的典型特征就是它们的形式性。[2]

---

① 这种强结构性的概念与数学结构主义有一些相似之处（Resnik, 1981；Shapiro, 1997），根据这种结构主义，数学个体只不过是一个结构/模式中的位置。

② 这种形式性是客观的，不同于句法和技术上的形式性。它与麦克法兰（MacFarlane, 2000）的第二种形式性相吻合，也与他的第一种形式性有共同点。

论题 2：逻辑属性的形式性蕴涵着支配/描述逻辑属性的规律的形式性。

解释：取任何形式的，即同构不变（极大不变）属性 P。因为 P 是极大不变的，它不区分任何两个现实-反事实个体。这意味着，任何正确描述 P 的"行为"的规律/原则也不能区分任何现实-反事实的个体。如果能，那么它就不能正确地描述自己的行为。因此，支配/描述形式属性的规律也是形式的。

论题 3：支配/描述逻辑属性的规律/原则的形式性蕴涵着它们的必然性；事实上，这意味着它们的必然性是一种特别强的必然性。

解释：要了解支配/描述逻辑属性的规律/原则的形式性如何蕴涵着它们的强必然性，请考虑以下两个规律/原则：

（8）每个个体都是自我同一的

或者

（8'）$(\forall x)x = x$

和

（9）如果 P 非空，并且每个拥有 P 的个体都拥有 Q，那么 Q 非空

或者

（9'）如果 P 非空且被包含在 Q 中，则 Q 非空

或

（9''）$[(\exists x)Px \,\&\, (\forall x)(Px \supset Qx)] \supset (\exists x)Qx$

由于自我同一性（self-identity）、"普遍性""非空"和"包含"在所有现实-反事实个体的 1-1 且到上的替换下是不变的，因此支配/描述它们的规律必须保持这一特点（论题2）。这意味着，在（8）的情形下，在任何域中，对于所有现实-反事实个体，自我同一性是普遍的。因此，（8）不仅是现实真的，而且是必然真的。（9）也是如此。（9）适用于所有现实-反事实个体域，因此，（9）是必然真的。

然而，（8）和（9）并不仅仅是必然真的；它们是强必然真的。为了确定极大不变性的全部范围，我们必须认识到，像自我同一性这样的极大不变的属性不仅不在意任何两个物理/形而上学可能的个体之间的差异，它们也不在意

这些和非物理/形而上学可能的个体之间的差异（假如它们在形式上是可能的）。因此，自我同一性无法区分一个全红且小的球和一个全红且蓝的球。作为一种形式属性，自我同一性不受颜色不相容的影响。尽管从物理上/形而上学上来说，一个全红且蓝的球是不可能的，但在形式上（从形式的视角来看），它是可能的（形式上，它就像一个全红且小的球一样可能）。

这回答了我们在上一节中提出的一个问题：在逻辑语境中，现实-反事实个体的范围是什么？它们的范围很广，包括物理上甚至形而上学上不可能的个体。更准确地说，它包括所有且仅形式上可能的个体。要在形式上成为可能，个体就不能在形式上——因此，在逻辑上——矛盾或不可能，但它可以在物理上或形而上学上矛盾或不可能。①

为了适当应用逻辑性的同构不变性检验，我们必须考虑所有形式上可能的个体，包括物理上和形而上学上不可能的个体，例如（同时）全红且蓝的球。这些是在逻辑性（同构不变性）检验和模型构建中都使用的现实-反事实个体。

因此，为了正确理解自我同一性的不变性，我们考虑所有形式上可能的个体。结果是，支配自我同一性规律的反事实范围是形式可能性的总体，形式可能性的总体比物理可能性甚至形而上学可能性的总体更大（就包含意义而言）。相应地，这又意味着（8）的必然性极高。一般而言，这也同样适用于极大不变属性的规律。我们可以说这些规律是极大必然的，更一般地说，（正确）描述逻辑的——形式的、极大不变或同构不变的——属性的规律具有特别强的模态力。

再来看 LC，我提出了一般的不变性解决方案，以应对必然性和形式性的挑战，分为两步：首先，就形式规律而言（论题 4）；其次，就模型而言（论题 5）。考虑 LC

（10）$(\exists x)(Px \vee Qx),(\forall x)\sim Qx$；因此，$(\exists x)Px$

让我们用 "P" 和 "Q" 来表示非 ℓcs "P" 和 "Q" 的指称，用 "非空""∪"（union）、"普遍的"（在底下域（underlying domain）中）和 "-"（相对于底下域的补）来表示 ℓcs "∃""∨""∀" 和 "～" 的指称。我们可以用一个三级

---

① 对于一些读者来说，纯粹的形式可能性的想法似乎很奇怪。重要的是去澄清，"形式可能性" 在这里是作为一个理论概念、一个技术术语（而不是一个通俗概念）使用的。因此，它是一个有力且富有成效的概念，有利于逻辑和数学的深入讨论。

图来表示（10）的形式必然性（表 3.1）。

表 3.1　表示形式必然性的三级图

逻辑/语言	$(\exists x)(Px \vee Qx)$	$(\forall x)\sim Qx$	$\vDash$	$(\exists x)Px$
			$\updownarrow$	
真	$T[(\exists x)(Px \vee Qx)]$	$T[(\forall x)\sim Qx]$	$\Rightarrow$	$T[(\exists x)Px]$
			$\updownarrow$	
世界/对象	NONEMPTY（$P \cup Q$）	UNIVERSAL（$\bar{Q}$）	➡	NONEMPTY（P）

其中，"⇒"符号表示形式必然地传递真/保真，"➡"符号表示形式的规律（客观的形式必然性），"↕"代表"当且仅当"。LC（10）是形式上必然的，因为它基于一个形式上必然的客观规律（原则），这个规律将（10）的前提所描述的形式模式与其结论所描述的形式模式联系起来。一般来说：

论题 4：逻辑后承基于对象的形式规律（在不变的意义上），因此具有特别强的模态力。

解释：从模型论上讲，对象的规律是通过在（对一个给定语言 L）所有模型中保真来表示的。模型形式上表征涉及形式上可能的个体的可能的对象情况。更详细地说：模型 $M = <U, \delta>$ 由一个形式上可能的个体域和一个指称函数组成，该函数为每个非 lc 指派一个个体或一个 U 中个体的形式上可能的构造。每个 lc 都被指派了一个适用于所有模型的固定的形式指称。模型中的真是在形式上可能情况中的真。在所有模型中保真基于形式规律，其由模型论的规律——在所有模型中都有效的规律——表示。鉴于模型所表示的这种大的可能性范围，即［相对于底下的语言（underlying language）L 的］形式可能性的总体，在所有模型中保真代表了一种特别强的必然性：形式必然性。这在论题 5 中得到了体现。

论题 5：满足 LC 语义定义的后承是形式必然的，因此是极大必然的。这些后承形式的/极大的必然性是由于它们基于形式的-必然的规律这一事实。这些规律与所有模型中，即在（相对于一种给定语言

的）所有形式可能的情况（的表示）中，它们的前提和结论所描述的
形式结构（情况的形式框架）相关。

结论：

在证明了带有极大不变（同构不变）的 ℓcs 的语言的 LC 的语义定义满足形
式性和必然性的要求之后，我们还证明了解决逻辑性挑战的一般的不变性方案
的适当性。

这个解决方案认为一个常项要成为逻辑的，必须满足逻辑性的形式性（极
大不变性，同构不变性）标准。这一标准的适当性取决于它所产生的后承是否
满足必然性和形式性的要求。我们现在已经看到，这个适当性条件得到了满足：
被整合在 LC 语义定义中的逻辑性的形式性标准，产生了既形式又必然（形式
必然的）的后承。

我们对逻辑性、形式性和必然性挑战的综合解决方案的介绍至此结束。LC
的必然性归因于其形式性，而形式性是解决逻辑性挑战的基础。形式性本身是
用不变性术语来解释的，这在解释它如何保证（一种特别强的类型的）必然性
方面起着核心作用。这种综合解决方案按 3.2 节来说，就是基础整体主义解决
方案。

我们在这里不能讨论有关 LC 的语义定义以及逻辑性的同构不变标准的所
有可能被问到的甚至已经被问到的问题。但在第 4 章中，我们将讨论几个问题，
在第 5 章和第 6 章中我们将转向各种批评。

第 4 章　哲学视角下逻辑性和其他重要问题

4.1　知识、真和逻辑性

为了进一步理解 LC 的语义定义和通往逻辑性的不变性方法，将它们放在一个更大的哲学背景中是有益的。一个合适的语境是认知语境：对知识的追求。让我们从所谓的"基本的人类认知状况"（the basic human cognitive situation）开始。简要地说，我们生活在一个我们是其中一部分的世界里。出于这样或那样的原因，我们渴望认识和理解这个世界，不仅在实践上，而且在理论上，不仅是由于作为工具的原因，也是由于内在的原因——即为了知识本身。然而，我们所追求的知识并不容易获得。我们的认知资源在很多方面都非常有限，这使得世界相对于我们的认知能力来说极其复杂。因此，对我们来说，知识不是自动产生的，也不是理所当然的；我们易于犯错，我们也意识到了自己的易错性。然而，我们不会放弃我们的认知抱负。我们渴望认识世界的本来面目和它的全部复杂性。

下面这一情况使我们的抱负至少部分可以实现：尽管我们在认知方面受到很大的限制，但我们也有相当数量的认知资源，包括先天的和增强的认知能力[感官感知和通过获得的知识而得以丰富的理智（intellect）]，以及积极管理我们对知识予以探求的能力（通过决定探究的内容，提出问题，设计研究项目，建造仪器和工具，等等）。所有这些使得知识的获取至少在某种程度上是可行的。但我们努力的结果总是受到质疑。鉴于我们的认知局限（以及我们的一些认知天赋——比如想象力，它也会导致错误），我们面临着严重的阻碍。因此，我们不仅需要工具来扩展我们的知识和避免致命的错误，也需要工具来确定我们和我们的理论对世界的看法是否正确。两个这样的工具是：①一个关于我们的陈述和理论的正确性的概念、规范——真；②一种普遍的、有效的、模态上强的推理方法，它将使我们能够从我们已经拥有的知识得到我们还没有的知识——逻辑推理/后承。[①]

从真开始：真，从这个视角来看，是一个概念，一种属性，是一种我们关于世界的陈述和理论的正确性的规范。假设对知识的追求，正如在基本的人类认知或认知-知识（cognitive-epistemic）的情形中所反映的，是一种认识世界本来面目的尝试，与这种追求相联系的真概念，广义地说，就是一种符合的（correspondence）概念。我们认为，关于世界某个给定方面的陈述是真的（具有是真的的属性）当且仅当它所说的，在世界的这个方面是成立的。真概念指称这种属性，并且真的这一认知规范认为，在寻求世界的知识时，我们应该旨在做出具有这个属性的陈述。我们也可以说，一个陈述具有"是真的"这个属性当且仅当它满足［或在做出它（这个陈述）时满足］这个真的规范。

从基本的人类认知-知识的情境角度来看，真是符合，并且我们必须使我们自己远离将符合描述为"复制""图像""镜像"或"（直接）同构"的那种天真的和过分简单化的特征描述。符合的模式可能要多复杂就有多复杂（一方面是因为世界各个方面的复杂性，另一方面是因为我们认知构成的复杂性），而且它们可能因知识领域的不同而不同。此外，在目前的语境中所设想的符合，既不涉及"康德的本体"，也不涉及"上帝的视角"。此外，由于我们所采用的是 3.2 节中描述的整体论的方法论，因此，目前的符合概念避开了（至少是大部分）常见的反对意见，这些反对意见主要集中在传统观点的幼稚、采用所谓的上帝视角、符合关系范围狭隘等。[②]

回到 LC：从现在的视角来看，LC 是一种工具，用来针对我们的认知局限性扩展我们的知识。那么问题来了：什么样的后承会满足要求？我们就想到了从真句子（"前提"）到真句子（"结论"）的方法——从已经属于我们知识体系的句子到可以根据其与前者的联系添加到我们知识体系中的句子。通过这种方法会传递什么样的真？如果我们的目标是世界如其所是的知识，并且如果与这个目标相关联的真概念/规范是一个（广义上构设的）符合概念/规范，那么恰当的后承方法必须能够将（广义上构设的）符合的真从前提传递到结论。这种强有力的方法是特别可取的，它基于某种现实和反事实情况下在大多数知识领域中都发挥作用的东西。这就引出了在第 2 章遇到的要求：（符合）真的传递性、形式性和必然性。

---

① 这种方法还可兼作一种消除致命错误（如矛盾）的方法，但我不会在此讨论这个方面。
② 更多关于符合概念的信息，请参见（Sher，2016，第 8 章）。

怎样才能建立满足这些要求的推理方法呢？如果我们专注于形式属性/算子（在极大不变性或同构不变性的意义上），并将它们作为 lcs 构建到我们的语言中，那么（正如我们在第 3 章中的讨论所表明的），我们可以设计一种满足这些要求的推理/后承方法。在这种方法下，逻辑推理将基于：① lcs（语言）和形式属性/算子（世界）之间的相关性；②支配形式属性/算子的规律，这些规律由于属性/算子宽广的现实-反事实范围，具有特别强的模态力。

在典型情形中，这一方法将有三个层次：世界、真和逻辑。我们可以通过概括 3.4 节中给出的图表来图式化地展示这一点：

逻辑：$\{S_1, S_2, \cdots\} \vDash S$

当且仅当

真：$T(S_1), T(S_2), \cdots \Rightarrow T(S)$

当且仅当

世界：$\mathfrak{C}_1,\ \mathfrak{C}_2, \cdots \Rightarrow \mathfrak{C}$。

用语言表达如下：

$S_1,\ S_2, \cdots$ 逻辑蕴涵 S

当且仅当

$S_1,\ S_2, \cdots$ 的符合真以特别强的模态力保证 S 的符合真

当且仅当

情形 $\mathfrak{C}_1,\ \mathfrak{C}_2, \cdots$，确实/将使句子 $S_1,\ S_2, \cdots$ 成为符合真，并且它们的形式结构符合这些句子的逻辑结构，形式上使情况 $\mathfrak{C}$ 成为必然，情况 $\mathfrak{C}$ 确实/将使句子 S 成为符合真，且它的形式结构符合 S 的逻辑结构。

这是使用指称形式属性的任何 lcs 对 LC 语义方法的一种"合理重建"。让我们以逻辑性来结束。为什么逻辑性对我们理解 LC 如此重要？在第 2 章中，我们已经看到塔斯基证明了逻辑性问题对于 LC 语义定义的恰当工作至关重要。但是，正如我们在第 3 章中看到的，解决逻辑性问题所做的不仅仅是这些。它使我们能够回答没有它就很难解决的深层基础问题，如"LC 基于什么？"以及"它如何以一种特别强的模态力将真从前提传递到结论？"基于逻辑性、极大/同构不变性和形式性之间的联系，回答是，LC 以支配世界的形式规律为基础，这些规律因其形式性而具有特别强的模态力，而且 LC 的强模态力也源

于这些规律的强模态力。正是因为逻辑性问题在以实质性和富含信息的方式解决深层次的基础问题方面卓有成效，所以它确实且应该在 LC 的深入研究中占据中心位置。

4.2　逻辑后承的传统特征

传统上，LC 被认为是普遍的（general）、必然的、形式的、主题中立的、确定的、规范的、分析的和先验的。按照目前的分析，LC 是必然的和形式的（确实，LC 的必然性比传统的形而上学的意义更强，并且 LC 的形式性也比单纯句法上的传统意义有更深层的意义）。它是否也具有传统意义上归因于它的其他特征？让我们从普遍性、主题中立性和确定性开始。这里的回答是肯定的，而这个肯定回答的关键是 LC 的形式必然性。

普遍性。如果我们将 LC 的普遍性理解为在现实个体（以区别于必然性）的所有域中保真，或者在所有知识领域中的适用性，那么满足 LC 语义定义的后承的普遍性就可以由它们的必然性和形式性（极大不变性）推出。

主题中立性。满足 LC 语义定义的后承的主题中立性也得自于它们的形式必然性。满足 LC 语义定义的后承是以规律为基础的，这些规律具有特别广的现实-反事实范围，并且无论所涉及的个体和非逻辑/非形式的属性是否同一都成立。因此，不管它们的具体主题是什么，它们在所有的知识领域中都有效。^①因此，LC 的语义定义是主题-（领域-，话语-）中立的。

这里自然地就纠正了关于主题中立性的一个普遍误解。逻辑的主题中立性有时被认为是逻辑没有自己的主题。这是错误的。逻辑确实有它自己的主题，即逻辑的——形式的、必然的、保真的——后承。不过，它的主题无视其他领域的主题，即那些不同逻辑后承的句子所属的领域。逻辑适用于所有领域，而无论其主题是什么。

确定性。由于它们的强不变性，逻辑属性并不关注现实大多方面的特征（对象的大多数特征以及对象之间的差异）。因此，支配/描述这些属性的形式规律——即基于逻辑后承的规律——不受有关现实大多数方面的发现的影响。

---

① 对于这一包含数学在内的方式，请注意标准一阶数学的所有个体和大多属性在目前的意义上都不是形式的。

这意味着大多数新发现不会威胁到这些规律，因此也不会威胁到我们的逻辑判断。在这个意义上，逻辑是高度确定的。[①]

那分析性和先验性呢？历史上，许多哲学家认为逻辑是先验的、分析的。满足 LC 的语义定义的后承是先验的吗？是分析的吗？

先验性。传统上，逻辑被描述为纯粹先验的。然而，今天，许多哲学家（基于各种理由）质疑存在一个绝对的先验-经验的分界点，他们用"相对先验"（Friedman，2001）或"准先验"（Sher，2016）来取代"纯粹先验"[②]，或自然主义地对待逻辑（Maddy，2007）。逻辑的形式性和极大不变性表明逻辑后承至少是准先验的（或者，如果我们在方法论上是 3.2 节意义上的整体论者，那么通常是准先验者）。解释：由于逻辑后承的强不变性，它们不理会现实的大多数方面。尤其包括那些涉及非极大不变属性的现实方面，以及通常在感官知觉可获得的意义上是经验的那些现实方面。用于研究现实的这些方面的能力/方法单凭自身并不适合发现（建立）逻辑后承。这并不是说经验方法/能力在发现或证明/驳斥 LC 的主张方面完全不起作用。[③]但主要是落在其他能力/方法上。

分析性。作为一个语义概念（在塔斯基的意义上），LC 不是分析的。语义概念处理语言和世界之间的关系，因此它们不仅仅是语言的（只处理意义）。就 LC 而言，我们已经看到它明显基于支配世界的形式规律，而不只是语言原则。模型代表形式可能性（世界可能是或可能已经是的形式上的可能方式），模型中的真代表在形式可能的对象情境中的真，而在所有模型中保真归因于一种在所有模型/形式可能性中都成立的一种特殊的对象规律——即形式规律或规则。事实上，就连 LC 的工作描述——拓展我们的能力来认识世界——也表明，LC 并不纯粹是分析的。LC 有语言/意义成分，但它也有（非常重要的）对象成分。

最后，规范性。LC 是规范的吗？

---

① 然而，重要的是要指出，逻辑在其他方面并不确定：（i）在推测从什么逻辑地得出什么时，人们总是犯错；（ii）在关于形式规律是什么的问题上，人和理论一样，会犯错误，而这些能够且应该导致逻辑上的修正；（iii）关于 LC 及其应用的任何情况，与涉及任何其他主题的情况一样，均可引起争议、分歧和修正。我们的逻辑理论，像所有其他理论一样，是可错的。

② 简单地说，在这里，相对/准先验知识主要是通过理智（intellect）获得的，但不（必然）完全脱离经验。

③ （i）我们可以运用经验方法为所谓的逻辑后承寻找反例。（ii）原则上，经验错误可以归因于形式/逻辑错误。只有当这类错误被发现且它们的根源也被正确地识别出来时，它们可能会导致逻辑的修正。

4.3　逻辑后承的规范性

　　LC 的规范性，以及更广意义上的逻辑的规范性，一直是新近许多争论的主题。这里我要区分三个规范性问题：（a）是否存在一种重要意义，在这个意义上逻辑具有规范性，如果有，那么其规范性的根源是什么？（b）逻辑学的规范性是否比其他学科的规范性更强？（c）在人们的实际决策中逻辑的考虑应高于所有其他考虑，在这一意义上，逻辑是规范的吗？第三个问题与目前的讨论最为密切相关，然而，前两个问题却是与本书中 LC 的讨论直接相关。

　　（a）是否存在一种重要意义，在这个意义上逻辑具有规范性，如果有，那么其规范性的根源是什么？

　　是的，逻辑在一种重要的意义上是有规范性的，这种意义与它在追求知识中的功能或作用有关（在 4.1 节中讨论过）。至少对于克服我们认知上的某些局限来说，后承的逻辑方法是一种强大的工具。基于很多陈述与我们早已知道的其他陈述的联系，逻辑使我们能够间接地肯定它们的真，而不必通过检查这些陈述在世界中的指向来直接证实每个陈述。我们在第 2 章和第 3 章中的分析已经表明，并解释了为什么 LC 的方法至少在原则上，依赖于高度必然且广泛适用的支配世界的形式规律，成功地实现了这一功能。鉴于人类渴望了解世界，这使得逻辑在认识论上具有规范性。事实上，逻辑不仅对作为知识追求者的我们具有规范性，而且对我们关于世界的陈述和理论也有规范性。正是逻辑在履行这种认识功能上的成功是其规范性的根源。

　　（b）逻辑学的规范性是否比其他学科的规范性更强？

　　所有知识以及各种领域的知识，在一种源于弗雷格（Frege，1893，1918）的意义上都具有规范性。这是因为"真"本身是规范性的。就规律而言，弗雷格认为"任何断言它是什么的规律，都可以被构想为规定了人们应该依照它去思考"（Frege，1893：12）。根据弗雷格的观点，逻辑的规律是"真"的规律，因此，"从这些规律……得出一些有关断言、思考、判断、推断的规定"（Frege，1918：1）。

　　这可能引导我们断定所有学科都同样地具有规范性。但是本书中我们关于

LC 的研究使我们得出弗雷格那里没有的区分。尽管"真"作为规范性的一个根源，使逻辑学的规范性与物理学的规范性立足于相同的基础，但逻辑的极大不变性揭示了一种意义，在这种意义上，逻辑的规范性超过了物理学的规范性。满足 LC 语义定义的后承的强规范性，归因于它们所依据的规律的普遍性、主题中立性、必然性和形式性。这些规律适用于知识的所有领域，换句话说，知识的所有领域都受这些规律约束。但反过来并非如此：逻辑不受生物、化学、物理等的规律的约束。它不理会、抽象了这些规律。例如，化学并不是不考虑对象之间的形式差异：它区分有"恰好一个"氢原子的分子和有"恰好两个"氢原子的分子，区分"既有"氢原子"又有"氧原子的分子和"有"氢原子"但没有"氧原子的分子，等等。因此，化学和物理学更普遍地受制于逻辑规律。然而，逻辑不受制于它们的规律。逻辑规律对所有形式上可能的对象都有效，不管它们是否物理上可能或不可能，但物理规律却不对所有逻辑上可能的对象都有效。因此，逻辑对于物理来说具有规范性（如果物理规律是真的，那它们就必须遵守逻辑规律），但物理对于逻辑来说并不具有规范性。逻辑从物理规律中抽象出来，但物理并不从逻辑规律中抽象出来。因此，逻辑的规范性强于物理学、生物学、心理学和其他学科的规范性。

（c）在人们的实际决策中逻辑的考虑应高于所有其他考虑，在这一意义上，逻辑是规范的吗？

有关逻辑规范性的争论就集中在这个问题上，它通常追溯到哈曼（Harman，1986）。问题不在于对我们关于的世界理论而言，逻辑是否具有规范性，也就是说，是否应该拒绝或纠正逻辑上不一致（包含逻辑矛盾）的理论，以及是否一个给定理论 T 至少在原则上包括它的所有 LC（即在 LC 的关系下是封闭的）。问题是，人们在日常生活和实际决策中是否应该把逻辑的考虑置于所有其他考虑之上，他们是否应该确实相信（牢记于心）所有他们信念的逻辑后承，他们是否应该总是且在他们所做的一切事情中重视逻辑。

根据哈曼的观点，将逻辑规范置于所有其他规范之上并不总是符合主体对全面的合理性的追求。例如：①仅仅因为我相信 S_1 且我相信 S_2 逻辑地从 S_1 推出，并不意味着我注定相信 S_2。有时候，停止相信 S_1 比相信 S_2 更合理。②许多我们信念的逻辑后承对我们来说完全无用；相信它们只会让我们的大脑塞满乱七八糟的东西。③"应该"（ought）要求一种物理-心理上的"能"（can），但逻辑上的"应该"并不意味着这样一种"能"。④有时，拥有逻辑上不相容的信念是合理的。比如，物理学中的波粒二象性。它可能涉及逻辑上的不相容；然而，在今天，按理说，拒绝它是不理性的。

现在，情形①被逻辑本身认可为其规范性的一部分。情形②和③在很大程度上与本书所探求的无关。就关注到的求知者而言，我们与这些关注者分离，就涉及的理论而言，这些关注点与主题无关。情形④是相关的，但它并不与逻辑具有规范性这种观点相冲突。说逻辑对物理学来说具有规范性，或者比物理学有更强的规范性，并不是说物理学家一定要在任何情况下、不惜一切代价地避免逻辑不相容。哈曼的规范性概念既过于狭隘又过于强烈，无法从目前的视角解释逻辑的规范性。从它只关注日常生活中的单一个体来说过于狭隘。在要求绝对服从于规范方面又过于强烈。在逻辑规范适用于物理而不是相反的意义上，逻辑的规范性强于物理的规范性。然而，这并不意味着逻辑的考虑总是优先于其他考虑。就量子力学和广义相对论之间存在有逻辑不相容而言，它们应该被消除。但是，考虑目前物理知识的现状，物理学家可能有理由选择把消除这种不相容交付给一个无限的未来，直到他们找到一种可接受的方法来消除它，而不是完全停止他们的物理研究。①

4.4　同构不变性是逻辑性的必要、充分或充分必要标准吗？

对"同构不变性是逻辑性的必要、充分或充分必要标准吗？"这个问题的回答取决于其逻辑目标的概念。如果目标是在形式的、必然的、普遍的、主题中立的、相对确定的、强规范性的和准先验意义上产生逻辑后承，并且如果我们把注意力限制于外延语境，如数学、自然科学、其他部分学科和日常话语那样的外延语境，而且如果我们专注于逻辑的语义、模型论方面并希望解决威胁塔斯基 LC 定义的逻辑性问题，那么，正如第 3 章、4.1～4.3 节所示，同构不变性标准在很大程度上达到了这一目的，因此是逻辑性的充分必要条件。如果目标还要满足额外的要求，如：证明论的完全性、简单性、与自然语言中逻辑的常用用法一致、相关性（即前提的内容必须与结论的内容相关）等，那么这

---

① 为回应哈曼而进行的关于对逻辑规范性的进一步讨论，参见：（MacFarlane，2004），"在什么意义上（如果有的话）逻辑对思想具有规范性吗？"（未发表的手稿），菲尔德（Field，2009），施泰因贝格尔（Steinberger，2019），罗素（Russell，2020）。

个标准是必要而不充分的。如果我们不把注意力限制于外延语境，那么这个标准既不必要也不充分。[①] 未能区分这些情况会导致在这个标准上产生不必要的分歧。

4.5　逻辑的范围；逻辑的类型

我们很自然地把那种满足逻辑性的不变性标准的逻辑看作一个其 lcs 不同的逻辑系统家族。这个家族的成员之一是具有常见 lcs 的标准一阶谓词逻辑。许多哲学家把标准一阶谓词逻辑看作逻辑的基础（terra firma）。但是，正如我们在第 3 章、4.1~4.4 节中看到的，带有一组被同构不变性标准认可的 lcs 的标准一阶逻辑的任一变体，都能产生与标准一阶逻辑的逻辑后承一样的具有形式的、必然的、普遍的、主题中立的、相对确定的、强规范性的和准先验性的（在前面解释的意义上）逻辑后承。在文献中，满足同构不变性标准的一阶逻辑家族中的非标准成员被称为"广义逻辑""抽象逻辑""模型论逻辑"等，这些逻辑的非标准量词被称为"广义量词"。

逻辑主题的范围（**Mostowski，1957；Barwise，1985；Sher，1991**）

标准一阶逻辑没有穷尽（数学的、谓词的）逻辑系统的全部。这些系统包括广义一阶逻辑、（全）二阶逻辑 [（full）second-order logic] 和带有满足同构不变性标准的 lcs 的其他逻辑。

显然，并不是每一个基于这一主题的真正的逻辑系统都能引起哲学家和逻辑学家的兴趣。这是正常情况。正如并不是所有的集合都让集合论研究者感兴趣，也不是所有的数都让数论家感兴趣，同样，并不是所有的逻辑属性/常项，也不是所有包含这些属性/常项的逻辑系统都让哲学家和逻辑学家感兴趣。但有一些会。最重要的是：哲学家和逻辑学家都对逻辑性的一般原则具有相当大的理论兴趣。

我们还可以用满足同构不变性标准属性的全体（可接受的 lcs 的外延）来描述满足该标准的逻辑的范围。这里我们得到了以下有趣结果：

---

① 关于非外延性（内涵性）的相关讨论，参见，例如，菲廷（Fitting，2015）。

逻辑属性的范围

所有第 1 级数学属性的更高级相关项是同构不变的（尽管大多数第 1 级数学属性并不是同构不变的）[①]（Lindström，1966；Tarski，1966/1986；Sher，1991；McGee，1996）。

我们将在下一节讨论逻辑和数学之间的关系。

我已注意到，满足逻辑性的同构不变标准的逻辑意在运用于外延语境。这并不意味着它们在内涵语境中不起作用，如命题-态度语境。设想信念的命题-态度语境。令 B 是一个信念算子，"$Ba(S)$" 表示 "a 相信 S"，其中 S 是一个句子。首先，外延的逻辑后承在信念算子的辖域之外有效。例如："$(\forall x)Bx(S)$；因此，$Ba(S)$" 是真正的 LC。其次，在一定条件下，可以调整外延的逻辑后承，以使其在信念算子的辖域内有效。例如，尽管 "$Ba(S_1)$，$S_1 \supset S_2$；因此，$Ba(S_2)$" 不是一个真正的 LC，但在某些信念概念下，可以调整它［例如，将 "$S_1 \supset S_2$" 替换为 "$Ba(S_1 \supset S_2)$"］使得结果成为一个真正的 LC。

包含有不满足同构不变性标准的固定的（"特殊的"）常项/算子的逻辑的一个例子是模态逻辑。在模态逻辑中，我们添加一个或两个模态算子，即必然性和/或可能性句子算子到标准一阶逻辑中（或实际上添加到带有满足不变性标准的 ℓcs 的任何谓词逻辑中），模态算子不是同构不变的。通过进一步扩展塔斯基的语义装置（例如，添加所谓的可能世界），我们扩展了逻辑所研究的后承的范围。

缩小逻辑研究的后承范围的一个例子是相干逻辑。通过要求前提的内容与它所断言的结论的内容相关，"雪是白的且雪不是白的；因此，鲸鱼是哺乳动物"非逻辑上有效，如果不这样处理的话，该后承就会是逻辑有效的。这些逻辑系统提出了逻辑多元论的观点。我们将在下一节中评论这个观点。

4.6 背景理论、二值性、逻辑和数学

（a）形式规律与形式结构的背景理论

LC，语义定义如上，基于形式规律。模型描述了（represent）全部形式

[①] 例如，第 1 级数学属性 "是 1"（$x=1$）、"是偶数"（is-even）和 "是……的一个成员"（is-a-member-of）（$\in$）不是同构不变的。

可能性且在所有模型中保真是基于支配所有形式可能性的规律。但我们如何确定这些形式规律是什么呢？LC 的语义定义和逻辑性的不变标准都在某个背景理论中得到了表达，正是这个理论告诉我们形式规律是什么（模型的总体是什么以及什么规律支配着这个总体）。在目前的实践中，正如我们已经注意到的，背景理论是标准的一阶集合论，通常是 ZFC；在塔斯基的论文中（Tarski，1983［1936a］；1966/1986），背景理论是罗素的类型论。

问题（1）LC 的语义定义和逻辑不变标准或者在 ZFC 中，或者在类型论中被表达，是其固有的吗？

显然，对这个问题的回答是否定的。要以精确的方式实现，影响 LC 定义和逻辑性标准的普遍的、很大程度上是哲学的的观点，需要一种适当的精确化。反过来，这样的精确化需要适当背景理论的工具。但它并不内在地需要一个特定的背景理论。截至目前，我们所学到的是，一个适当的背景理论必须是或包括形式结构理论，但并不是说它必须是或包括 ZFC 或类型论。虽然看起来将这两种理论视为形式结构的理论很自然，但最终，对这项任务而言它们是否是最理想的或更适合的，是一个有待研究的问题。

重要的是要认识到，LC 的语义定义和相关的逻辑性标准所表达的思想原则上与使用不同背景理论的多重精确化兼容。事实上，一般来说，谨慎的做法是不过分精确化，因为读者对一种给定精确化的先天偏见可能会使他们反对不依赖于这种特定的精确化的一般的哲学思想，而它原则上可以通过其他方式精确化（我将在 5.2 节中回到这一点）。LC 的定义和逻辑性需要一个适当的背景理论，但这种背景理论的选择是一个元任务，它超越了定义本身。

问题（2）LC 的语义定义是否内在地基于特定的形式规律而不是其他的？

回答是"一方面是，另一方面不是"。要做到适当性，LC 的语义定义必须建基于实际上支配（正确描述）世界的形式规律。但这些规律是什么是一个未解决的问题。正如在任何其他领域一样，我们必须依赖于我们认为是真的形式规律，同时保持开放的心态，对我们当前的信念采取批判的态度。

（b）二值性

例如，遵循达米特（Dummett，1978），二值性自然被认为内在于真之符合概念和逻辑的"经典"方法，这通常与塔斯基的 LC 定义有关。但目前的研究表明，这两种情况都不是事实。二值性问题与世界的形式结构（世界中属性的形式行为）相关。让我解释一下。给定一个域 D，每个第 1 级的 1 元（外延）属性 P 将其划分为子域。如果世界的形式结构是二分的（bivalent），那么每一种属性都把它分成两个不相交的子域：D 中所有 P 的集合和 D 中所有非 P 的集合。前者包含在 D 中，后者是在 D 中前者的补。给定一个 D 中的个体，恰好有两种可能性：要么有 P，要么没有 P。如果情况并不如此，世界就不是二分的。如果（外延的）属性将任意的 D 划分为，比如说，三个子域，这个世界就是三分的。这可以扩展到 n 元 1 级属性。现在，世界是否为二分（属性是否将一个给定域划分为两个或更多子域）是一个开放的问题。世界是（形式上）二分的可能性和世界（形式上）非二分的可能性都与真之符合概念以及 LC 语义定义下的一般原则相一致。逻辑通常的背景理论 ZFC 是二值的。但是，正如我们所注意到的，它是否正确地抓住了世界的形式结构（属性的形式特性），这是一个开放的问题，它超越了 LC 的语义定义。因此，逻辑是否是二值的，取决于世界的形式结构（正好由形式可能性和形式规律的全体表达）。

在这种语境下，重要的是注意三值的属性，就像二值的属性一样，在极大不变性的意义上可以是形式的，其中极大不变性被一种与三值性相容的方式精确化。

这就引起了对多元论的注意。逻辑多元论认为，原则上，不止有一种"好的"逻辑。这种观点基于几个理由支持。从目前的观点来看，我们把逻辑多元主义分为三种立场：①逻辑中不存在真或正确性的问题，只有方便的问题。②逻辑中有"真"的问题，但也有不相容的关于"真"的逻辑。③新逻辑的发展是一项有价值的事业，它鼓励创新，并潜在地引出新的发现。本书中的考察与③相容，但与①不相容。对于②，我们需要区分真正的冲突和非真正的冲突。对不同语境的关注，以及视角和目标的变化，合乎情理地导致互不冲突的多个逻辑，例如，数理逻辑、模态逻辑和相干逻辑。原则上同样可能的是，世界的不同部分（例如，宏观部分和微观部分）在形式结构上不同，因此需要不同的逻辑。但假设相同的语境、相同的视角、相同的兴趣以及一个形式上一致的世界，相矛盾/相冲突的逻辑不可能都正确。逻辑多元论者所珍视的价值——宽容、丰富、"百花齐放"——是一种人文价值，它们在一般认知领域有它们的相关因素：开放的思想，乐于试验，宽广的视角，对新理论的非教条性评价，等等。但真、批判性辩护和为我们的理论承担认知责任也是深层次的人文价值。逻辑，像任何其他的知识领域一样，受到真实性的（veridicality）限制，人们应该始终小心不要混淆对新思想的容忍和对错误的容忍。类型②的多元论很容易滑向类型①的多元论。

（c）逻辑与数学的关系

在逻辑学和哲学文献中，我们发现两种主流观点：①逻辑学和数学是同一学科；②逻辑学和数学是各自独立的学科。①的最著名代表是逻辑主义纲领，该纲领主张数学可还原为逻辑，其主要代表是弗雷格（Frege，1967 [1879]，1893）和罗素（Whitehead and Russell，1910-1913/1925-1927；Russell，1971 [1919]）。②的主要倡导者一方面是蒯因（Quine，1970/1986），另一方面还有同时代的数学家如费弗曼（见 6.1 节）。LC 的语义定义和相关的逻辑性标准在这个问题上体现在哪里呢？

LC 的语义定义本身似乎与这个问题无关。逻辑性的同构不变性标准却有更多要说的。首先，它意味着数学和逻辑不是等同的，两者都不能被另一方同化。这从前面 4.5 节的概述得出，大多数第 1 级数学属性不是逻辑的。然而，虽然第 1 级数学属性严格来说不是逻辑的，但它们与更高级的数学属性相关，而后者是逻辑的。这种相关性有意义吗？塔斯基（Tarski，1966/ 1986）和谢尔（Sher，1991，2016）对此给出了两种不同的回答：

（i）塔斯基的回答是否定的：我们可以按自己意愿把逻辑和数学看作彼此同化或彼此分离。喜欢统一的哲学家可能更喜欢第一种观点；数学家们"另一方面，听到他们认为是世界上最高学科的数学只是逻辑学这样平凡的学科的一部分，会感到失望"（Tarski, 1966/1986：153 ）。

（ii）谢尔的回答（Sher，1991，2016）是肯定的。逻辑和数学有一个共同的核心，即形式。但两者都不能被另一方完全同化(或还原)。它们之间有分工：数学研究形式，逻辑运用这种形式构建强大的推理系统。同时，这两个学科相互联系：数学用逻辑作为阐述数学理论的框架，而逻辑学则用数学作为形式结构的背景理论。在方法论上，逻辑和数学在一个（纽拉特式的）反复过程中并行发展。从一些基本的逻辑–数学（如布尔代数）出发，我们构建了一个简单的逻辑和简单的数学理论（如句子/三段论逻辑和朴素集合论）。这些简单的逻辑和

简单的数学理论被用来构建更复杂的逻辑（如标准一阶谓词逻辑），
这种更复杂的逻辑又被用来构建复杂的数学理论（如公理集合论）。
这些又引起新的、更复杂的逻辑（如广义逻辑）等。[①]

高阶数学在不变性意义上是形式的，而低阶数学不是，这一事实的重要性
是什么？这一事实可以用许多种方式来解释。其中之一导致了一种新颖的数学
观（有些源自弗雷格）。数学作为一个整体是或研究形式，并在很大程度上是
更高级的。但人类的认知构造喜欢处理第 1 级结构，而不是更高级的结构。为
了适应这一点，人们通过研究它们的较低级（非形式的）相关因素来研究更高
级的形式属性。他们假定 0 级数学实体，例如，数或集合（被设想为个体），
以表示第 2 级形式属性，如基数。例如，用数字 1 这个个体表示第 2 级基数属
性"恰好一个"，等等［进一步讨论，请参见（Sher，2016，第 8.4 节）］。

（d）形而上学和逻辑

形式的必然性和可能性与形而上学的必然性和可能性一样吗？严格说来，
由于形而上学的异质性，这个问题很难回答。一方面，形而上学处理极其宽泛
且基础的问题，如对象或世界（在这个词最宽泛的意义上）。另一方面，它处
理更狭义且更具体的问题，如因果、自由意志及可能颜色的不相容性（一个既
全红又全蓝的对象的不可能性）。[②]因此，是否存在形而上学必然性/可能性的
独特范围，这甚至不是很清楚。但很明显的是，就不变性而言，形式可能性比
狭义的物理可能性更宽泛。

4.7　重要的元逻辑定理

关于 LC 的语义定义和逻辑性的同构不变标准，有许多重要的元逻辑结果。
前者（带证明的）可以在大多数标准的数理逻辑教材中找到；后者出现在各种
文集（collections）和期刊论文中。这里，我将讨论限制在与本书直接相关的
一小部分结果中（没有证明）。

第一，我注意到 LC 的语义定义紧接着引出了其他元逻辑概念的语义定义：

---

① 这里关于逻辑和数学的共同发展的讨论是某种类似于卡尔纳普式的理性重建。人们也可以把它看作一
种大概的（有共同起源的）或原则上的解释。
② 这类可能性，就是我之前说过的，形式的可能性比形而上学的可能性更宽广的那类可能性。

元逻辑概念的语义定义

逻辑真：S 是逻辑真当且仅当 S 在所有模型中为真。

逻辑假：S 是逻辑假当且仅当 S 在所有模型中为假。

逻辑不确定：S 是逻辑不确定当且仅当 S 在某些模型中为真，而在其他模型中为假。

逻辑等价：S_1 和 S_2 逻辑等价当且仅当它们在所有模型中都有相同的真值。

逻辑一致性：Γ 是逻辑一致的当且仅当它有至少一个模型。

第二，重要的元逻辑结果用 LC 或模型术语富有启发地得以表达。

例如：[①]

标准一阶逻辑（SFOL）的完全性（Gödel，1986［1929］）

$\Gamma \vdash_{\mathrm{SFOL}} S$ iff $\Gamma \vDash_{\mathrm{SFOL}} S$。[②]

全二阶逻辑（FSOL）的不完全性（Gödel，1986［1931］）[③]

NOT$[\Gamma \vdash_{\mathrm{FSOL}} S$ iff $\Gamma \vDash_{\mathrm{FSOL}} S]$。

标准一阶逻辑的紧致性（Gödel，1986［1929］）

Γ 有一个模型当且仅当 Γ 的每个有穷子集都有一个模型。

标准一阶逻辑的勒文海姆-斯科伦-塔斯基定理（Löwenheim-Skolem-Tarski Theorem）（Löwenheim，1967［1915］；Skolem，1967［1920］；Tarski and Vaught，1957）

Γ 有一个无穷模型当且仅当对于每个无穷基数 κ，Γ 都有一个论域为基数 κ 的模型。

向下的勒文海姆-斯科伦定理说的是，如果 Γ 有一个任意无穷基数 κ 的模型，那么 Γ 有一个基数 $\aleph_0$ 的模型（最小的无穷基数）。

第三，关于逻辑性的同构不变标准，有一些有趣的结果。

---

① 假设底下的语言和 Γ 都是可数的。

② 完全性有时被分为两部分：可靠性和恰当的完全性。一个逻辑系统是可靠的当且仅当对于每个 Γ 和 S，如果 $\Gamma \vdash S$，那么 $\Gamma \vDash S$；它是恰当地完全的当且仅当对于每个 Γ 和 S，如果 $\Gamma \vDash S$，那么 $\Gamma \vdash S$。可靠性通常被认为是一个可接受的逻辑系统的必然的要求；恰当的完全性却不是。

③ 全二阶逻辑是标准二阶逻辑，其中二阶变项在任意模型中取值范围是论域的所有子集。

例如：

林德斯特伦定理（Lindström，1969）

标准一阶逻辑是最强的一阶逻辑，其中紧致性定理和向下的林德斯特伦定理都成立。

凯斯勒定理（Keisler's Theorem）（Keisler，1970）

带有量词"**存在不可数多**"（there-exist-uncountably-many）的一阶逻辑是完全的。

要在本书中对这些定理进行全面的讨论，有些太多了，但做一些简短的要点介绍可能会有用。

（a）完全性和不完全性定理。

①在目前的表述中，完全性定理自然地被理解为陈述了标准一阶逻辑中 LC 的证明论概念和语义概念的共外延性。过去，它通常被理解为陈述了标准一阶逻辑的证明（或公理）系统的完全性（相对于根据真而得的 LC 的非形式概念）。

②哥德尔的不完全性定理通常被表述为一个元数学定理，即任何足够强的数学理论 T（例如，皮亚诺算术），假设它在逻辑上是一致的，则不存在它的完全公理化 A。也就是说，给定这样一个 T，不存在 T 的公理化 A，使得 T 的所有真句子都可以在 A 中得证。在这里，该定理被表述为一个关于高阶逻辑的元逻辑定理（因为 FSOL 足够强大，可以表述所有的数学——所有的数学真都能从 FSOL 的公理逻辑地推出——这个逻辑在元逻辑的意义上是不完全的）。

（b）完全性定理和凯斯勒定理。遵循蒯因（Quine，1970/1986），许多哲学家和逻辑学家认为完全性是适当逻辑的必要条件。再者，一些哲学家/逻辑学家假设标准一阶逻辑是最强的完全逻辑（complete logic），认为逻辑=标准一阶逻辑，并且所有更强的谓词/数理逻辑都不是真正的逻辑（见 6.1 节）。但他们的假设是不正确的。诸如凯斯勒的定理表明，一些更强的逻辑（真包含标准一阶逻辑的逻辑）是完全的。

（c）完全性、紧致性、向下的勒文海姆-斯科伦定理和林德斯特伦定理。基于这些定理，这一问题出现了，即完全性、紧致性和向下的勒文海姆-斯科伦属性^①对逻辑系统来说是内在的，还是规定的。虽然具有这些属性简化了逻辑系统并提高了它们的效率（处理有穷的句子集和可数的模型比处理无穷的句子集或不可数的模型要容易得多），但从哲学上讲，答案似乎是否定的。巴威斯宣称，要求逻辑具有这些属性就是"混淆……它的主题……与…它的工具"，以此表达这种回答（Barwise，1985：6）。例如，紧致性是一种有用的工具，但它并没有捕获逻辑的主题。一般来说，一些逻辑系统比其他逻辑系统更易于使用的事实并不意味着后者不是真正的逻辑系统。例如，命题逻辑比谓词逻辑弱，但它具有比谓词逻辑更易于使用的特征（例如，可判定性）。然而，这并没有为把谓词逻辑拒斥为非逻辑提供辩护。弱谓词逻辑也是如此。相对较弱的标准一阶逻辑，具有较强逻辑所没有的特征。但这并没有使得后者就成为非逻辑的。相反，较强的逻辑具有更强的表达力，因此可以识别标准一阶逻辑不能识别的逻辑后承。逻辑性即形式性的观点（在第 3 章做过解释并在本章做了进一步讨论）阐明了逻辑的主题，在这个意义上，所有形式逻辑都是真正的逻辑。

4.8　关于塔斯基 1966/1986 论文的一些混淆

塔斯基 1966/1986 年的论文引发了由人称塔斯基-谢尔论题提出的关于逻辑性标准的困惑。我们已经解决了其中之一：关于置换下的不变性（见 3.3 节）。

第二个困惑涉及普遍性。尽管塔斯基（Tarski，1983［1936a］）引入形式性和必然性作为 LC 的典型特征，然而他 1966/1986 年的论文又引入普遍性作为逻辑性的典型特征。这并不奇怪，因为塔斯基的后期论文完全忽略了他早期的论文，专注于克莱因的埃尔朗根纲领，在该纲领中，各种几何体之间在普遍性上的差异发挥了重要作用，该作用由不变论者的术语表示。塔斯基的不变论方案将克莱因对普遍性的关注延伸到逻辑：

> 现在假设我们继续这个想法，并考虑更广泛的变换类。在极端情况下，我们会考虑空间、或话语论域、或"世界"到它自身上的所有一对一变换类。研究在这种最广泛的变换类下不变的概念的将是什么科学呢？在这里，我们将有少得很的概念，都有非常普遍的特征。我

---

① 也就是说，是一个完全的逻辑系统、一个紧致的逻辑系统等这样的属性。

提议它们是逻辑的概念，如果一个概念在世界到它自身上的一切可能
的一对一的变换中都是不变的，我们就称它为"逻辑的"概念。(Tarski,
1966/1986：149)

通过塔斯基（Tarski, 1966/1986）得到塔斯基-谢尔论题的读者倾向于认
为逻辑性等同于最大普遍性。但这是有问题的。[①]正如鲍尼（Bonnay, 2008）
解释的，所有同构下的不变性并不代表最大普遍性。这种不变性是一种特殊函
数下的不变性：1-1 且到上。一种更普遍的函数下的不变性会产生更普遍的概
念。在极端的情况下，任何类型的所有函数下都不变的属性将更普遍得多。问
题是这样的属性太普遍了。没有标准的逻辑常项（也许除了同一性）会在所有
函数下都是不变的。最大普遍性（在不变的意义上）属性在很大程度上是语义
类型的概念，如"是个体""是第 1 级的 1 元属性"等。将其 $l$cs 局限于这些概
念的逻辑太贫乏了，以致无法完成逻辑的任务（见第 2、3 章和 4.1～4.7 节），
或者，实际上，也不与现在或过去被认为是逻辑的任何东西相似。尤其是，一
个将最大普遍性等同于逻辑性的标准，它甚至不能将大多数标准一阶 $l$cs 归类
为逻辑的，因此会严重地生成过少。

塔斯基-谢尔论题的谢尔方将逻辑性与形式性等同起来，而不是与最大普
遍性相等同。这使得这个论题能够将所有标准 $l$cs 归为逻辑的，并确保满足（LC
定义的）形式性的适当性条件。正如我们所看到的，这也确保了相当大的普遍
性，虽然不是最大的普遍性。在这个概念上，同构不变性标准及满足它的属性/
常项的显著特征是形式性而不是普遍性。

另一个困惑来自塔斯基的陈述，"原来我们的逻辑……是数的逻辑，数的
关系的逻辑"(Tarski, 1966/1986：151)。这导致一些哲学家把逻辑性的同构
不变标准看作是将逻辑性与形式性的一个非常狭窄的方面等同起来，即数（基
数，数量）。然而，如果我们审视这个标准本身，就会发现事实并非如此。虽
然基数属性是同构不变的，但许多其他与数无关的形式属性——"是对称的"
(IS-SYMMETRIC)，"是自反的"(IS-REFLEXIVE)，"是传递的"(IS-
TRANSITIVE)，"是顺序关系"(IS-AN-ORDERING-RELATION)，"是良序
关系"(IS-A-WELL-ORDERING-RELATION)，"是等值关系"(IS-AN-
EQUIVALENCE-RELATION)，等等——也是同构不变的。毫无疑问，塔斯基

---

① 我不清楚塔斯基本人是否在接下来讨论的意义上意指"普遍性"。然而，原则上，重要的是要理解逻
辑性不是最大普遍性。

认识到了这一事实。事实上，这段关于数的引文是在讨论最基本的第 2 级逻辑属性类型：第 1 级的 1 元属性的第 2 级的 1 元属性时给出的。在对这种基本类型进行讨论之后，塔斯基说：

> 如果你转向更复杂的概念，例如［属性］之间的关系，那么逻辑概念的种类就会增加。在这里，你第一次遇到许多重要且有趣的逻辑关系，这些关系为那些研究过逻辑要素的人所熟知。我指的这些是属性之间的包含、两种属性的不相容、两种属性的重叠以及许多其他关系；所有这些都是通常意义上的逻辑关系的例子，并且它们在我的建议的意义上也是逻辑的。(Tarski，1966/1986：151)

根据同构不变性标准，逻辑集中于一般的形式属性，而不是特别地以数的属性为中心。

在接下来的两章，我们将转向对 LC 的语义定义和逻辑性的同构不变标准的批评。

第5章 对逻辑后承语义定义的批评

LC 的语义定义和逻辑性的同构不变性标准都遭受了批评。在审视这些批评时，特别重要的是要注意真正属于讨论中的定义/标准的思想内容与批评者所赋予它们的思想内容之间的差异。只有当两者一致时，批评才是真正的。本章我将讨论对 LC 语义定义的批评，第 6 章再讨论对逻辑性同构不变性标准的批评。

5.1 表征和解释的二元性

埃切门迪（Etchemendy）在 1990 年关于 LC 的书中指出：

> 塔斯基（对 LC）的分析是错误的，……他的解释……没有抓住，或甚至没有接近于抓住，任何关于（这个）逻辑属性的前理论概念。（Etchemendy，1990：6）

他的批评并没有以塔斯基结束：

> 对逻辑后承的标准的语义解释是错误的……当我们将这种解释应用到任意语言时……它将有经常可预见地为所讨论的语言定义一个与真正的后承关系不一致的关系。这个定义既生成过少，又生成过多：它将宣称某些实际有效的论证无效，并宣称其他实际上无效的论证有效。（Etchemendy，1990：8）

埃切门迪做了两个断言，一种是历史的，另一种不是。历史的断言是，塔斯基在他 1936 年的论文（Tarski，1983 [1936a]）中，为下述主张，即：他的 LC 语义定义满足必然性的适当性条件（见 2.3 节），提供了不正确的辩护；事实上，它不满足这个条件。另一个断言是，这个定义的当代版本也失败了，而且实际上注定会失败。

关于历史的批判，埃切门迪针对的是：塔斯基认为他的定义满足必然性条件是可以证明的。埃切门迪认为塔斯基对这一主张的证明在处理模态算子时犯了一个初级错误。这个所谓的错误被埃切门迪称为"塔斯基谬误"（Etchemendy，1990：85）。错误之处在于证明

（11）　**Nec** $[\Gamma \vDash S \supset [T(\Gamma) \supset T(S)]]$

而不是

（12）　$\Gamma \vDash S \supset$ **Nec** $[T(\Gamma) \supset T(S)]$.

这是一个谬误，因为（11）并不蕴涵（12）。[①]

然而，正如我们在 2.6 节中看到的，塔斯基从来没有详细说明他心中的证明，甚至也没有暗示过它可能是什么。埃切门迪认为塔斯基证明错误却没有提供任何证据。在缺乏这样的证据的情况下，这个批评只是一个稻草人。

至于埃切门迪更一般的主张，它是基于对 LC 的模型论定义的可用选择的分析。埃切门迪假设有两种这样的选择，称作表征的和解释的。他声称这两种都不适当，并得出结论，语义定义是失败的。

要理解埃切门迪的论证，我们需要理解"表征的"和"解释的"意味着什么。根据模型所表征的内容，埃切门迪区分了两类模型论语义学。他假设有两个相关参数：世界和语言（语言表达式的解释）。模型表征什么取决于哪个参数随模型不同而不同。

表征语义学（Etchemendy，1990：20-21）

1. 世界随模型不同而变化；语言在所有模型中都是固定不变的。

2. 模型表征了我们的世界的可能（本来可能）方式。

阐述：在所有模型中固定不变的是语言表达的意义或解释。改变的是世界存在的方式。模型表征直觉或形而上学意义上的可能世界。

解释语义学（Etchemendy，1990：56-61）

1. 语言随模型不同而变化；世界是固定的。

2. 模型表征了我们的语言的可能（本来可能）方式。

阐述：在所有模型中固定的是现实的世界。变化的是语言的非 ℓcs 在现实世界中的解释/指称。ℓcs 和非 ℓcs 之间的区别仅仅是在所有模型中保持固定解释的常项和在不同模型中解释变化的常项之间的区

---

① 一般来说，这个谬误混淆了 "**Nec**（$S_1 \supset S_2$）" 和 "$S_1 \supset$ **Nec**(S_2)"。要看到前者并不蕴涵后者，仔细考虑一下 $S_1 = S_2$ 的情况。

别。哪些常项是固定的/变化的却是无原则的或任意的。

在某些情形下，表征的和解释的语义学都能成功捕获 LC 的直观概念。例如，当它们假设标准地划分常项为逻辑常项和非逻辑常项时，它们都认为以下后承是逻辑的：

（3）塔斯基是逻辑学家；因此，某物是逻辑学家。

用符号表示：

（3″）Lt；因此，$(\exists x)Lx$

表征语义学认为（3）是逻辑的，基于这样一个事实：无论现实世界是怎样的，或者本来可能是怎样的，如果"是逻辑学家"这个属性适用于塔斯基，那么它就是非空的。换句话说：（$\forall$ 可能世界 M）$[T_M(Lt) \supset T_M((\exists x)Lx)]$。解释语义学认为（3）是逻辑的，基于这样一个事实：无论"逻辑学家"和"塔斯基"这两个非固定常项在现实世界中意味什么或指称什么，如果"塔斯基"（无论它是什么）指称的现实个体在现实世界中具有"逻辑学家"（无论它是什么）指称的属性，那么这个属性在现实世界中是非空的。换句话说：（$\forall$ 现实世界 M 中可能的语言解释）$[T_M(Lt) \supset T_M((\exists x)Lx)]$。

假设非 ℓcs 的标准界限，两者也都认为以下后承是非逻辑的：

（1）塔斯基是逻辑学家；因此，弗雷格是逻辑学家。

用符号表示：

（1″）Lt；因此，Lf。

表征语义学这样做是基于这样一个事实，即世界可能本来是这样的：塔斯基是逻辑学家而弗雷格不是。有些模型表征了这种可能性，（1）在其中不是保真的。解释语义学基于这样一个事实，"逻辑学家"在给定的语言中可能要意味着"波兰人"（而"塔斯基"和"弗雷格"保留它们的通常意义/指称）。（1）在表征这种可能性的模型中不是保真的。

LC 语义定义的表征版和解释版尽管在某些情形下捕获了 LC 的预期概念，然而，它们最终都是不适当的。

对于表征版，埃切门迪认为，可能世界的直觉/形而上学概念太模糊、太晦涩，也太不确定，不能用数学模型装置来精确地表达：

> 它是……很明显的，在 LC 概念的精确或数学上的易处理方面，表征语义学不能予以任何提高。当……我们问，我们的模型是否表征世界上所有且仅有的真正可能的构造时，依附于必然真这一最基本概

念的任何晦涩都会再度出现。(Etchemendy，1990：25)

埃切门迪得出结论，一个成功的 LC 定义不可能是表征的。假设有这样的窘境"LC 的语义定义要么是表征的要么是解释性的"，他进一步得出结论，LC 的语义定义是解释的。但他指出，解释的定义失败了。细想下这个后承：

(2) 恰好有一个个体；因此，至少有两个个体。

用符号表示(假设标准地划分常项为逻辑常项和非逻辑常项)：

(2′) $(\exists x)(\forall y)x = y$；因此，$(\exists x)(\exists y)x \neq y$。

显然，(2)不是真正的 LC。但由于①(2)的所有常项都是逻辑的，因此它们的解释在所有模型中都是固定的，②在解释的语义学中，所有模型都有相同的论域，即不止一个个体的现实论域，(2)的前提在所有模型中都是假的[/(2)的结论在所有模型中都是真的]，因此它在所有模型中都是保真的。①

假设有上述窘境，埃切门迪得出结论，LC 的语义定义失败了。

回应。许多哲学家——麦吉(McGee，1992a，1992b)、加西亚-卡平特罗(García-Carpintero，1993)、杰凯特(Jacquette，1994)、舒尔茨(Schurz，1994)、普莱斯特(Priest，1995)、戈麦斯-托伦特(Gómez-Torrente，1996)、瑞(Ray，1996)、谢尔(Sher，1996)、基哈拉(Chihara，1998)、夏皮罗(Shapiro，1998)——批评埃切门迪的主张[例如，LC 的语义定义是解释的，它要么是解释的，要么是表征的(在埃切门迪的意义上)，它不能满足必然性的适当性条件，它将 LC 还原为 MC，模型的论域仅限于现实个体]，也批评埃切门迪对形式性条件的忽视(这是理解如何获得必然性的关键)，批评他不能区分认知适当性和定义适当性，等等。②

评价。在评价埃切门迪的批评时，我将关注它们与 LC 的实际定义及其指导思想的一致性/不一致性。一致之处包括：①语义定义的两个核心参数是语言和世界；②LC 的适当定义必须满足必然性条件。不一致之处包括：①忽视了形式性的适当性条件；②未能理解逻辑性(ℓcs)的挑战；以及③假的"解释-或-表征窘境"。

阐述。原则上，语言和世界可以通过多种方式整合到模型论装置中。埃切门迪却只考虑了一种可能性：这些参数中的一个是固定的，另一个随模型不同

---

① 如果像在埃切门迪(Etchemendy，2008)中那样，允许解释模型代表现实世界的论域的非空子集，那么替换(2)为"至少存在 $n+1$ 个个体；因此，至少存在 $n+2$ 个个体"，其中 n 是现实世界中的个体数。

② 埃切门迪对这些批评的回应，见(Etchemendy，2008)。

而变化。这恰恰留下两个选择：要么是语言固定而世界变化（表征选项），要么是世界固定而语言变化（解释选项）。但事实上，在 LC 的语义装置中，语言和世界都是部分固定、部分变化的。固定的元素是 ℓcs（语言）和它们的形式指称（世界），以及支配模型（世界）的形式规律/原则。变化的元素是非 ℓcs（语言）及其指称（世界），以及模型（世界）的论域和对象的非形式属性。

这意味着逻辑模型既不是解释的也不是表征的（在埃切门迪的意义上）。它们不是解释的，是因为语言是部分固定的（ℓcs 是固定的），世界是部分变化的（论域以及对象的非形式特征是变化的）；它们也不是表征的，因为语言是部分可变的（非 ℓcs），世界是部分固定的（支配模型的形式规律/原则是固定的）。此外，模型表征形式的可能性，而不是直觉/形而上学的可能性。

埃切门迪不关注 LC 的（语义）形式性（这蕴涵着它的必然性），以及他声称语义定义是解释性的，使他错误地认为，在所有模型中有效的规律只是偶然的，ℓcs 问题是一条"红鲱鱼"[①]（Etchemendy，1990：129）。

5.2　集合论模型

LC 的语义定义一直受到批评，不仅因为它被指控不能产生必然的后承——从前提到结论必然保真的后承——甚至还因为它被指控不能产生实质蕴涵——实质保真的后承，也就是说，在现实世界中保真。因此，菲尔德（Field）说：

> 我们必须拒绝声称所有逻辑上有效的推理都保真的主张。（Field，2009：263）

这种批评专门针对目前以一阶集合论术语给出的模型定义，并且当 L 本身是标准一阶集合论的语言时，这种批评尤其明显。在这种语言中，集合用个体词项表示，也就是说，集合被解释为个体。现在，集合的现实（世界）包括真类-多集合（proper-class-many sets），但是模型仅限于有真集-多个体（proper-set-many individuals）的论域。[②]因此，集合的现实世界不能由任何模型表示。也就是说：

> 经典模型不合适地表示了现实：经典模型的域在大小上受到限

[①] 因为解决它不能使解释的定义正确。

[②] 在标准集合论中，所有集合的聚合不是一个集合（以避免悖论）。它太大了，以致不能是一个集合。它是一个真类（每个集合都是一个类，但是不是每个类都是一个集合。不是类的集合是真集，不是集合的类是真类）。关于集合和类的更多信息，参考，例如，帕森斯（Parsons，1974）。

制，而集合论的现实却没有。(Field，2009：264-265)

麦吉更详细地说：

　　问题……取决于数学论域的丰富性……问题是集合论的论域是否足够强健(robust)，以至于我们可以在其中找到一个具有现实世界各个方面特征的模型。模型的域总是一个集合，并且不存在包含一切的集合，因此也就不存在把世界理解为一个整体的模型。相反，每个模型只表征世界的一部分。既然如此，我们怎么能如此确信，如果一个句子 S 是假的，那么一定存在某个在其中 S 为假的模型呢？也许 S 的假取决于世界作为一个整体的某些特征，而这些特征在任何模型中都没有反映出来。在排除这种可能性之前，我们不能保证在每个模型中都为真的句子是真的。(McGee，1992 b：278)

对语义定义的 LC 不能（实质地）保真的批评，直接导致进一步对 LC 不能满足必然性要求的批评。如果 LC 不保真，它就不必然地保真。这就引出了这条否定的结论：

　　逻辑学不可能是一门研究什么推理形式必然保真的科学——即使所讨论的必然性被限制为……凭借逻辑形式的必然性。(Field，2009：252)

麦吉(McGee，2004)运用广义量词 $\exists^{AI}$ 说明这个问题，这个量词指称属性"存在绝对的无穷多"(THERE-ARE-ABSOLUTELY-INFINITELY-MANY)["有真类-多"(THERE-ARE-PROPER-CLASS-MANY)]。考虑句子" $(\exists^{AI}x)x=x$ "，它表示有真类-多的东西。这个句子是真的（有真类-多集合），因此逻辑上不是假的。但在所有集合论模型中，它是假的，因为没有一个模型有真类-多个体。因此，根据 LC/真的语义定义，它在逻辑上是假的。

麦吉和菲尔德都强调这个问题仅限于一系列非常狭义的情形，认为对于处理"正规"后承("normal" consequences)来说语义定义是完全适当的。不过，原则上，它仍是不适当的。

评价。这种批评的一个局限是，它是特定于一个特殊的背景理论，即 ZFC 或类似的集合论，这种背景理论被用来精确化 LC 语义定义中出现的各种概念。但是这个语义定义本身独立于对这些概念的任何特定精确化。尤其是，它不致力于任何特定的背景理论。在将模型作为形式可能性的表征的思想中，没有任何东西需要使用诸如 ZFC 等特定的理论作为背景理论。在一个背景理论中出现的问题可能不会在另一个背景理论中出现。以塔斯基最初用来明确其观点的类型论背景理论为例。在这个背景理论中，正如麦吉指出的，模型的论域并不限于真集。这不是说我们应该回到一种类型论的背景理论。但是有可能得到一种更合适的理论。

因此，在评价语义定义时，重要的是区分定义本身和其数学精确化。当主要目的是研究逻辑的数学属性时，把逻辑等同于某种数学精确化是合理的。但在逻辑的哲学研究中，这样就扭曲了我们的理解，导致我们把数学背景理论的弱点或特性归因于逻辑本身。当然，如果批评者表明，构建一个适当的模型装置原则上是不可能的，这将是一个严重的问题，但这不是他们已经表明的（或者，甚至不是要表明的）东西。

而且，甚至对于 LC 语义定义的 ZFC 精确化来说，上述批评是否有效，也是一个悬而未决的问题。原则上，要准确地表征一种具有特征 F 的情况，模型本身不必具有特征 F：它必须适当地表征一种具有这种特征的情况，或者更准确地说，表征这类情况的相关方面。事实上，麦吉认为这可能是集合论模型的实际情形。原则上，我们可能能够基于所谓的反射原理，通过特别大的集合模型，间接地表征真类结构：[①]

> 根据反射原理……纯集合的论域是如此之大，结构变化是如此多样，以致作为一个整体的论域［——一个真类——］的每一个结构属性早已在集合论层系的某个有序层次上得到了例示。（McGee，2004：379）

其思想是，真类结构"向下反射"在某些非常大的集合上，或者可以用它们来表征。因此，一个拥有以这样的集合作为论域的模型的模型装置可以适当地表征集合世界中的真。然而，是否的确实际如此还是一个悬而未决的问题。

质疑"类-集批评"的另一个理由是，即使在数学世界中，是否存在真类结构并不清楚。从类理论悖论（如罗素悖论）中得到的可能教训之一是，不存在真正的真类结构：谈论这种结构只是一种说话方式。如果那样，真类属

---

① 关于反射原理，参见，例如，利维（Levy，1960）和巴加里亚（Bagaria，2019）。

性就不是真正的形式属性，而上面讨论的问题就不是真正的问题。这也是有待解决的。

我们最终结论如下，没有确凿的证据支持下面这些观点：①（数学）世界包含真类，因此一个适当的模型论装置必须包含表征这些类的模型；②真类不能用集合模型表征；③没有合适的形式结构背景理论能接纳真类。这些观点中的任何一个是否站得住脚还有待商榷。此外，有很强的理由相信，LC 语义定义的适当性并不依赖于其原则的特定精确化（或特殊背景理论中的精确化）。最后，一个完美的数学背景理论的存在不可能是 LC 定义的哲学适当性的必要条件。

第 6 章　对逻辑性的同构不变标准的批评

对逻辑性的同构不变标准的批评主要分为两类：（A）认为该标准生成过多的批评；（B）声称该标准生成过少的批评。大多数发表的批评属于（A）。这些批评又有两种：（a）针对该标准的数学特征以及/或逻辑和数学之间的关系的衍生后果的批评；（b）集中于对（据说）被该标准认可的、直观上非逻辑后承的自然语言例子的批评。前者的批评有时伴随着对逻辑性替代标准的建议。许多（A）批评的动机，至少在某种程度上，是与蒯因有关的所谓"标准一阶论题"，即认为标准一阶逻辑是那个"被选出的"逻辑。它们经常与探究逻辑的实用主义方法相联系，完全否定对逻辑性的系统理论标准的需求。实用主义态度也与（B）类批评有关。

在评价这些批评时，我将着重于以下几点：①它们的确切内容；②它们是挑战了对逻辑性的理论的、系统的标准需求，还是挑战了本书所描述的具体标准需求；③它们是挑战了这一标准所表达的思想，还只是挑战了在特定背景理论中这些思想的特定的数学精确化；④它们是被正确地视为对该标准的批评，还是只是对可接受/所欲求的逻辑系统的附加要求；以及⑤它们是将此标准看作逻辑性的必要标准还是充分标准。现在让我们转向这些批评。

6.1　生　成　过　多

A：元逻辑/元数学的批评

（a）（标准）一阶论题（蒯因）

蒯因没有考虑过逻辑性的同构不变性标准，但许多对这一标准的批评都受到蒯因论题的激励或影响。巴威斯（Barwise，1985：5）称这个论题为"一阶论题"，但更准确的称谓是"标准一阶论题"。这个论题认为标准一阶逻辑是"被选出的"逻辑，是唯一真正的逻辑，或者说是更好的逻辑。用巴威斯的话来说，这个论题认为"逻辑是［标准］一阶逻辑，因此任何不能在［标准］一阶逻辑中定义的东西都在逻辑的领域之外"（Barwise，1985：5）。特别是，满足同构不变性标准的非标准常项都不是真正逻辑的。

　　为什么标准一阶逻辑是"被选出的"逻辑？根据巴威斯的说法，这种观点的一个来源是"在 20 世纪中期由蒯因引领的科学哲学中普遍存在的唯名论"（Barwise，1985：5）。我想补充的另一个来源是蒯因的实用主义。在《逻辑哲学》（Quine，1970/1986）中，蒯因利用基于这两个来源的一些考虑拒绝标准一阶逻辑的扩展。一方面，他认为扩展逻辑是"披着羊皮的［集合］论"（Quine，1970/1986：66），在这里集合论意味着"本体论过度"（ontological excesses）（Quine，1970/1985：68）。另一方面，他把标准一阶逻辑具有完全的证明系统这一事实看作支持标准一阶逻辑的实用主义根据。蒯因的一阶（标准）论题在过去的几十年里一直具有很重要的影响，但对这一论题的实质性理论辩护却很少。

　　评价。蒯因将标准一阶逻辑看作是"被选出的"逻辑的考虑与在 LC 的语义定义背景下激发逻辑性同构不变标准的考虑是相互独立的。尽管蒯因熟悉塔斯基 1936 年的论文（Tarski，1983［1936a］），但据我所知，他从未提及这篇论文中提出的 ℓcs 问题，也从未讨论过逻辑性的一般标准问题，而且除了一个例外，也从未考虑过逻辑性的同构不变性标准所认可的任何非标准 ℓcs 。由于这些原因，蒯因对逻辑性的看法在很大程度上与目前的讨论无关，我将不在这里详细讨论。然而，蒯因的观点很可能在激发当前文献对同构不变性的一些批评中发挥重要作用。

　　（b）费弗曼的批评和替代建议

　　费弗曼（Feferman，1999，2010）对逻辑性的同构不变标准提出了三种批评，都是针对"塔斯基-谢尔论题"：① "这个论题将逻辑同化为数学，更具体地说，是集合论"；② "在解释（塔斯基-谢尔论题）中所涉及的集合论概念并不坚实"；以及③ "（塔斯基-谢尔论题）没有自然地解释是什么构成了在任意基本域上相同的逻辑运算"（Feferman，1999：37）。在讨论这些批评之前，让我先提一下费弗曼并不反对的一些事情。费弗曼并不反对把常项划分为逻辑常项和非逻辑常项，也不反对逻辑性的一种系统标准、一个语义标准，他也没有反对逻辑性是形式性这个哲学思想或者以同构不变性标准作为逻辑性的必要条件。此外，费弗曼（在上述论文中）只主张对该标准进行有限的修订。然而，他对认为这个标准对逻辑性来说是充分的的主张予以强烈批评。这促使他提出了另一种标准。费弗曼的批评得到了鲍尼（Bonnay，2008）的支持，不过，鲍尼批评了费弗曼自己提出的标准（并提出了另一种替代）。费弗曼的批评和他的标准都受到谢尔（例如，Sher，2008，2016）、格里菲斯和帕索（Griffiths and Paseau，2016，2022）的批评。让我们从费弗曼的批评开始。

（i）塔斯基-谢尔论题将逻辑同化为数学

费弗曼认为同构不变性标准导致逻辑被同化为数学，这是他所反对的。这种反对基于直觉，不是理论的考虑："（这种批评）显然依赖于一个人对逻辑本质的直觉"（Feferman，1999：37，我的强调）。费弗曼在进一步阐述他的反对意见时，还诉诸删因式的唯名论考虑："根据塔斯基-谢尔论题，表达……许多……实质性的数学命题为逻辑上确定的陈述"是可能的（Feferman，1999：38）。这表明，根据费弗曼的说法同构不变性标准将存在承诺引入逻辑——承诺"一种特殊的集合论实体的存在，或至少是它们的确定属性的存在"（Feferman，1999：38）。这使得"很明显，我们因此超越了作为不受'何物存在'影响的普遍概念领域的逻辑"（Feferman，1999：38）。给定同构不变性标准，一个可以逻辑地表达的数学命题是连续统假设（CH），这个假设说的是，比 $\aleph_0$ 大的最小无穷大基数 $\aleph_1$，等于 $2^{\aleph_0}$。假设同构不变性标准，这个数学假设可以在不使用任何非逻辑数学常项的情况下表示为

（13） $(2^{\aleph_0} x)x = x \equiv (\aleph_1 x)x = x$。

这里的量词"$2^{\aleph_0}$"和"$\aleph_1$"是第 2 级逻辑谓项，指称第 2 级形式属性"恰好 2 的阿列夫零次幂个"（EXACTLY-TWO-TO-THE-POWER-OF-ALEPH-NULL-MANY）和"恰好阿列夫一个"（EXACTLY-ALEPH-ONE-MANY）。

评价。（a）逻辑和数学之间的关系在很长一段时间里一直是逻辑哲学讨论的核心主题。正如我们在 4.6 节中看到的，认为逻辑和数学是同一的或者一个包含在另一个之中的观点与那些认为数学可以还原为逻辑并因此包含在逻辑中的逻辑学家有关。但这并不是与同构不变性标准相关的看法。与同构不变性标准相关的是，逻辑与数学之间存在着系统的联系，但这种联系既不是同一关系，也不是包含关系。逻辑和数学都基于世界的形式结构，但它们之间又有这种形式上的分工：数学研究形式，逻辑学利用我们关于形式的知识来构建一种推理方法。逻辑和数学以一种并列的、反复的纽拉特式的方式发展：数学运用逻辑作为其理论的框架和证明方法；逻辑使用数学（所研究的形式属性和规律）作为其 ℓcs 和 LC 模型论装置的基础。

这种关于逻辑和数学之间关系的观点是建立在理论考虑的基础上的，因此它不能被直觉所破坏，因为直觉在任何情形下都是不可靠的、缺乏批判性视角的。有人可能会说，"我们必须从某个地方开始""有时这个唯一的起点就是我们的直觉"。但最终我们必须批判地审视我们的直觉（例如，使用 3.2 节中描述的整体论方法），无论如何，直觉永远不会为哲学观点提供真正的辩护/反驳。

（b）数学陈述的逻辑可表达性并不特定于被同构不变性所认可的广义逻辑：标准一阶逻辑已经表达了无穷多数学陈述的内容。例如，每一个形式为"$k+m=n$"的算术陈述，其中 k、m 和 n 是自然数，都可以在标准一阶逻辑中用以下（缩写）形式的句子来表示：

（14）$[(k!x)\Phi x \,\&\, (m!x)\Psi x \,\&\, {\sim}(\exists x)(\Phi x \,\&\, \Psi x)] \supset (n!x)(\Phi x \vee \Psi x)]$，

其中，"$k\,!/m/n!$"的意思是"恰好 $k/m/n$ 个。"①

在这点上，值得注意的是，仅由 ℓcs 表达并不等同于它是逻辑真的。一些仅有逻辑词汇的模式和句子，如

（15）$(\exists x)x \neq x$

是逻辑假的，而且有些，像

（16）$(n!x)x = x$

是逻辑不确定的。但其他，像

（17）$[(1!x)\Phi x \,\&\, (2!x)\Psi x \,\&\, {\sim}(\exists x)(\Phi x \,\&\, \Psi x)] \supset (3!x)(\Phi x \vee \Psi x)]$

是逻辑真的。（17）是一个真正的逻辑真，其数值量词（numerical quantifiers）都是从标准一阶逻辑的原初 ℓcs 定义的，因而它是标准一阶逻辑真。

（c）像（17）这类句子的逻辑真并没有为标准一阶逻辑承诺数字个体（numerical individuals）（数）的存在。（17）为标准一阶逻辑承诺了基数属性"恰好一个""恰好两个""恰好三个"之间的某种形式关系。但它并没有为其承诺个体 1、2、3 的存在，也不承诺其他数学个体的存在。这同样适用于所有表达包括（13）在内的数学内容的标准的或广义的逻辑真，并且在某种程度上，如果我们假设二值，那么（13）像（17）一样，是形式上，因此也是逻辑上为真或为假。我们目前还不知道是哪个值。但是，无论它在形式上（逻辑上）是真还是假，（13）都没有给我们承诺数学个体 $2^{\aleph_0}$ 或 $\aleph_1$ 的存在，就像（17）不会给我们承诺 1、2 或 3 的存在一样。包含同构不变的 ℓcs 的逻辑——

---

① 例如，"$(2!x)\Phi x$"被定义为"$(\exists x)(\exists y)((\Phi x \,\&\, \Phi y \,\&\, x \neq y) \,\&\, (\forall z)(\Phi z \supset (z = x \vee z = y)))$"。

无论是标准的还是广义的——的本体论承诺都不同于（标准一阶）数学的那些本体论承诺。[①]

现在让我们转向费弗曼的第二个批评：

（ii）塔斯基-谢尔论题承认非坚实（nonrobust）（非绝对）的 ℓcs

费弗曼认为逻辑应该只认可那些其标准一阶集合论相关因素坚实的 ℓcs。他的意思是，它们"具有相同的意义，独立于集合论论域的确切范围"（Feferman，1999：38）。费弗曼运用元集合论的绝对性概念精确化了坚实概念。这个概念通常追溯到哥德尔，他是在一个完全不同的语境中引入它的，但它已经扩展到这个语境之外。在当前语境下，费弗曼将绝对性定义为：

> 令 T 是集合论语言中的一个公理集。如果集合论的公式 ϕ 在 T 的模型的最终扩展下是不变的，那么 ϕ 被定义为相对于 T 是绝对的。

（Feferman，2010：13）

这如何和逻辑相关呢？它如何与这样的 ℓcs 相关？这些 ℓcs 大部分是第 2 级谓词，因此它们在级上不同于那些与一阶集合论的公式等同的第 1 级谓词。费弗曼没有说，但我们可以合理地假设，他假设二阶逻辑谓项是在标准一阶背景的集合论中定义的。

绝对性的一般意义是什么？韦内宁（Väänänen）解释绝对性背后的一般思想如下：

> 直观地说，如果一个概念的意义独立于所使用的形式系统，或者换句话说，如果它在形式意义上的含义与它在"现实世界"中的含义相同，那么这个概念就是绝对的。（Väänänen，2019：第 6 节）

理解这个思想的一种自然方法是通过勒文海姆-斯科伦定理（参见 4.7 节）。这个定理表明，尽管标准一阶集合论认为有不可数多集合，但它有一个可数的模型，即一个在它的论域中只有可数多个集合的模型。[②] 在该模型中，标准一阶集合论的陈述：

---

① （i）关于这点，参见 4.6（c）节最后一段概述的数学概念，其中数学个体被构想为表征更高级形式属性的假设。

（ii）数学陈述（例如，CH）的逻辑可表达性不破坏逻辑性的同构不变标准的更多方式，参见（Griffiths and Paseau，2016，2022）。

② 回顾：在标准一阶集合论中集合是个体。

（18）有不可数多的集合。

是真的。显然，标准一阶谓词"不可数多个"（uncountably-many）在这个模型中具有不同于其"现实"含义的含义。

现在，根据同构不变性标准，第 1 级的"不可数多个"不是一个逻辑常项，但它的第 2 级相关物，即量词"不可数多个"是逻辑的。然而，这个量词是在标准一阶集合理论中根据非绝对的第 1 级谓词"不可数多个"来定义的，并且费弗曼认为，要把它作为一个可接受的逻辑常项剔出。有些被同构不变性标准认可的非标准逻辑量词是绝对的：例如，"是有穷的"和"是良基的"（Feferman，1999，2010），但有些不是。根据费弗曼的说法，这使得同构不变性标准不能成为逻辑性的适当标准。

值得注意的是，不同的逻辑学家对于绝对性的意义有着不同的看法。因此，巴威斯说：

> 人们不应该陷入认为绝对逻辑以某种方式比（非绝对）逻辑更好的陷阱，就像人们不应该认为域比环更好一样。（Barwise，1972：314）

费弗曼自己也注意到，绝对性的概念并不是绝对的：

> 我们应该意识到，绝对性的概念本身是相对的，它对背景集合论是敏感的，因此再次对存在什么实体的问题敏感。（Feferman，1999：38）

评价。绝对性批评提出了什么与逻辑性相关和什么与逻辑性不相关的问题。就我所知，无论是费弗曼还是其他诉诸绝对性的批评者，都没有提及绝对性与逻辑性的相关性。有一个不是绝对的第 1 级非逻辑相关物是得出一个给定的第 2 级常项是非逻辑的这个结论的适当理由吗？绝对性与ℓcs 和 LC 的独特特征，即前者的形式性和后者的形式必然性有关吗？非绝对性的问题在没有明确的理论根据的情况下已被引入到逻辑性的话题中。

绝对性批评的另一个成问题的方面与 LC 的语义定义的一些批评（见 5.2节）相同，即它是特定于一个特殊的逻辑背景理论，即标准一阶集合论。我们已经看到，该理论不过是一个可选的背景理论，并且一些人［例如，格里菲斯和帕索（Griffiths and Paseau，2022）］认为，同构不变性标准可以通过使用二阶集合论作为其背景理论来避免这种批评。但即使我们继续使用标准一阶集合论作为背景理论，绝对性批评是否适用仍不清楚。确切地说，这取决于一个给定的背景理论如何参与确定 lcs 的意义。现在让我们转到这个问题上来。

当我们将同构不变性标准应用到，比如说，第 2 级谓词-量词"不可数多个"时，我们感兴趣的是这个谓词-量词的"现实"意义。现在，我们知道标准一阶集合理论既有捕捉其"现实"意义的模型，也有未捕捉其"现实"意义的模型（后者包括可数的勒文海姆-斯科伦模型）。我们应该使用集合论的哪个模型来定义"不可数多个"的意义？显然，我们应该使用前一种模型之一。更一般地说，我们使用捕捉了集合论概念的现实或预期意义的模型。但就这些模型而言，绝对性问题并没有出现。这是绝对性批评者没有提及的另一点。

我应该补充说，有点讽刺的是，绝对性问题被用来排除使我们能够克服这个问题的标准。绝对性问题，以及与之相关的勒文海姆-斯科伦现象，只针对在表述性弱的逻辑框架（如标准一阶逻辑）内定义的形式概念中。正如勒文海姆-斯科伦定理告诉我们的那样，这个逻辑系统太弱了，以至于无法辨别任意大的有穷对象集和无穷对象集之间的形式区别，因此不能利用模型装置的全部丰富性，使用的只是有穷（包括任意大的有穷）模型，而不是无穷模型，更不用说更高的无穷模型了。通过在标准一阶逻辑语言中加入同构不变性标准所认可的适当的 lcs，我们避免了这一问题：我们得到了一个更强的一阶逻辑和一个更强的一阶集合论，该集合论以一阶逻辑为逻辑框架，阻止向下的勒文海姆-斯科伦定理和非绝对性。

最后，重要的是要区分逻辑性的要求和人们可能希望设置在逻辑系统/常项上的其他要求。因此，如果一个人对完全性感兴趣，他可能决定将自己限制在完全的逻辑系统中，在这种情形下，他将承认标准一阶逻辑以及凯斯勒的带有逻辑量词"不可数多个"的一阶广义逻辑，而不是所有的广义逻辑。同样地，如果一个人对绝对性感兴趣，他可以将自己限制在那些具有其非逻辑集合论相关物是绝对的 lcs 的逻辑系统中，因此拒绝凯斯勒的逻辑而接受具有广义逻辑量词"是良基的"（IS-WELL-FOUNDED）的逻辑。在这两种情形下，人们都感兴趣于那些与 LC 的语义定义提出的逻辑性问题相关的问题截然不同的议题，因此在逻辑性捕获逻辑（LC）的基本特征、形式性和必然性的要求之上，人们设置了额外的要求。

费弗曼最后的批评是：

（iii） lcs 的"相同性"（sameness）

同构不变性标准允许任何形式常项（formal constant）是可接受的逻辑常项。但有些形式常项的表现，直觉上是奇怪的。例如，一个可接受的逻辑量词在有穷论域中表现像"∀"，在无穷论域中表现像"∃"。费弗曼认为，这样的逻辑量词缺乏内在的统一性：不清楚是什么使它成为"相同的量词"。用他的话说：

> 在我看来，在某种意义上，一阶谓词演算的通常运算，不论运用于什么个体域上，都具有相同的意义。双射下的不变性没有捕捉到这一特征。正如麦吉所说："塔斯基–谢尔论题并不要求逻辑运算作用于不同大小的域的方式之间存在任何联系。"（Feferman，1999：38）

评价。这种现象并不特定于同构不变性标准所认可的非标准逻辑。所有合理的逻辑都认可这种 lcs。因此，标准一阶逻辑有一个（由标准逻辑量词定义的）逻辑量词，它在基数≤1007 的论域中表现像"∀"，在基数＞1007 的论域中表现像"∃"。

此外，重要的是要注意，所讨论的量词只对模型论域的形式特征敏感。同构不变性标准不认可在袋熊的论域中表现像"∀"、在非袋熊的论域中表现像"∃"的量词。它所认可的量词都是形式的，因此产生了真正逻辑的，即形式的-和-必然的（形式上必然的）逻辑后承。[①]

最后，涉及大量对象的概念，如"实数"或"集合"，通常都有非常奇怪和无序的实例，有些实例似乎缺乏内在的统一，这都是很常见的。事实上，费弗曼自己也认识到，许多数学对象是"怪异的"或"病态的"（Feferman，2000：317），但却是完全合法的。作为逻辑属性/常项的同构不变性概念基础的形式属性/常项概念，似乎没有理由不应该具有这一特征。

如前所述，费弗曼提出了另一种逻辑性标准。现在让我们转向这个标准。

（iv）逻辑性的同态不变性标准

费弗曼提出了另一种逻辑性标准，与同构不变性标准相比，该标准限制了 lcs 的范围。与后者一样，费弗曼标准也是一个不变性标准，但它并不要求逻

---

① 请注意，逻辑常项/属性/算子的固定性与它们在基数论域中表现像"∀"和在其他基数论域中表现像"∃"是兼容的。事实上，甚至 ∀ 也属于这种类型：它在基数为 10 的论域中表现得像量词"恰好十个"（EXACTLY-TEN），并且在基数为 11 的论域中表现得像"恰好十一个"（EXACTLY-ELEVEN）。逻辑算子在如下意义上是固定的，即它在所有形式上同一的情况下都表现相同。在它的指称是先于（或独立于）给定模型的个体和非逻辑的指称而确定的这个意义上，它是预先固定的。

辑属性/常项在所有同构下不变，而是要求它们在所有同态下不变。在这里，两个结构 $<D_1, \beta_1>$ 和 $<D_2, \beta_2>$ 的同态是一个从 D_1 到 D_2 上保持关系的函数 h（不一定是 1-1），即 β_2 是 h 下 β_1 在 D_2 中的像。由于同态的要求比同构的要求弱，因此同态比同构更多[①]，因而满足所有同态下不变要求的常项比满足所有同构下不变要求的常项少。特别是，基数量词，如"恰好 κ 个"，$\kappa > 0$，在所有同态下不是不变的，因此被排除在逻辑量词之外。也有人提出了其他限制 ℓcs 范围的不变性标准［例如，鲍尼（Bonnay，2008）］，但由于他们提出的问题与下面讨论的关于费弗曼标准的问题并非完全不同，因此我将讨论限于后者。

评价。即使是按照费弗曼自己的理解，他的标准似乎也有些过头了。它不只是排除了同构不变性标准认可的非标准 ℓcs，也排除了标准 ℓcs，如有穷基数量词［对有穷的 $n's > 1$，"至少/恰好/最多 n 个"（AT-LEAST/EXACTLY/AT-MOST-n）］。费弗曼意识到了这个问题，并考虑了避免它的方法（例如，只是出于这个原因，从标准 ℓcs 的列表中删除"="）。然而，这将导致一种特设标准。

事实上，即使没有这样的调整，这个标准似乎也是特设的。同构不变性标准与一个清晰的、哲学动机的逻辑性概念相关（即，逻辑性作为形式性，后者由同构不变性刻画），而同态不变性标准与同构不变性标准不同，它与任何这样的概念无关（或至少没有被表明或甚至是声称与之相关）。

直观上，同态标准也是有问题的。虽然有些标准的 ℓcs 是非逻辑的，但非标准的量词，如"是良基的"是逻辑的。人们很难用一种哲学上或数学上直观的方式来解释这一点。[②]

B. 语言学的批评

一些哲学家批评同构不变性标准的理由与自然语言有关。这些批评家通常指出那些据称满足逻辑性同构不变标准的常项，却产生了直观上非逻辑的后承（真、谬误）。这些批评家中的一些人更喜欢用实用主义的方法，而不是用系统的理论方法来处理逻辑性。

例如：

（i）麦卡锡（McCarthy，1981）声称同构不变性标准将某些内容是偶然的常项归入逻辑常项。这些常项产生按理说是逻辑的但却是偶然的后承。考虑

---

① "多"是包含的意思。
② 关于 ℓcs 的证明论-语义联合标准（a joint proof-theoretic-semantic criterion）的提议（部分基于费弗曼提出的建议，他最终放弃了他的同态标准），见（Speitel，2020）。

"（地球的）卫星的数量"[THE-NUMBER-OF-MOONS-（OF-EARTH）]，这个常项与逻辑常项"恰好一个"表示相同的第 2 级属性，因此它满足同构不变性标准。但它只是偶然的表示这个属性。结果，它会产生如下的后承：

（19）（卫星的数量 x）Φ_x；因此，$\sim$（恰好两个 x）Φ_x，

按理说这个后承是逻辑的，但却是偶然的。这破坏了同构不变性标准。[①]

（ii）考虑量词 Q^*，它在成员数少于 n——直到 21 世纪末，一个人跑一英里所用的全部秒数的最少数——的论域中表现得像 $\exists$，在所有其他论域中表现得像 $\forall$。根据汉森（Hanson，1997）的说法，这个量词满足同构不变性标准，但不适合作为逻辑常项的候选词，理由有二：①对于逻辑常项来讲，在一个论域中以一种方式表现，在另一个论域中又以另一种方式表现，是不自然的；②这个常项不满足 LC 不"以任何方式受经验知识影响"的要求（Tarski，1983 [1936a]：414）。基于这两个理由，将 Q^* 归入逻辑常项的标准是一个有缺陷的标准。

（iii）根据戈麦斯-托伦特（Gómez-Torrente，2002），谓词"是一个男寡妇"（is-a-male-widow）满足同构不变性标准，因为它与真正的逻辑常项"不是自我同一的"（is-not-self-identical）必然是共外延的。因此，它产生了所谓的逻辑真。

（20）（$\forall x$）$\sim$ 男寡妇 x。

但直觉上（20）并不是一个逻辑真。

对这些批评的反驳见于谢尔（Sher，1991，2001，2003，2021），萨西（Sagi，2015），格里菲斯和帕索（Griffiths and Paseau，2022）。然而，讨论所有这些反驳将偏离我们的主要任务。在这里，我将限于几个点，集中讨论根据逻辑性的同构不变标准，上面例子中介绍的常项是否确实是逻辑的，以及为什么。

评价。（i）"（地球的）卫星的数量"：处理这种与同构不变性标准相容的常项的两种方法是：（A）我们从外延的角度来处理它们，不考虑它们指称的偶然性，即我们将它们（在所有论域中）的指称与它们的现实指称等同起来。换句话说，我们把"卫星的数量"当作"恰好一个"的同义词。因此，（如此理解的）"卫星的数量"是一个逻辑常项，而且是一个没有问题的逻辑常项。（B）我们在考虑它们的指称的偶然性的意义上，内涵地处理这类常项。于是，我们检验它们是否满足同构不变性标准。它们不满足。令 D_1 为 $\{m_1, a, b\}$，D_2 为 $\{m_1, m_2, c\}$，其中 m_1 是地球的实际卫星，m_2 是地球的反事实卫星，a，b，c

---

① 有人可能会说，即使是像"是非空并且水是 H_2O"（IS-NONEMPTY-AND-WATER-IS-H_2O）——它[如果克里普克（Kripke，1970/1980）是正确的]必然等值于"是非空"——这样的谓项，也不应该被认为是逻辑的，参见（MacFarlane，2015）。

是一些不是地球的卫星的现实-反事实个体。在 D_1（以 D_1 为域的结构）中，"卫星的数量"是"恰好一个"；在 D_2（以 D_2 为域的结构）中，"卫星的数量"是"恰好两个"。现在取结构 $S_1 = <D_1, P_{D_1}>$，$S_2 = <D_2, P_{D_2}>$，其中 $P_{D_1} = \{a\}$，$P_{D_2} = \{c\}$。$S_1 \cong S_2$，但 P_{D_1} 在 S_1 中满足"卫星的数量"，而 P_{D_2} 在 S_2 中不满足"卫星的数量"。因此，"卫星的数量"不是逻辑常项。无论哪种方式［（A）或（B）方法］，这个事例都不破坏同构不变性标准。[①]

（ii）Q^*：关于批评（1）——非自然性——我们早已解释了为什么自然性与逻辑性毫无关系［见前面（A）中费弗曼的讨论］。关于批评（2）——偶然性——我们可以用我们之前处理（i）的两种方法来处理它。（A）外延方法，这里有一个决定了 Q^* 是什么的确定的数 n，并且我们必须等到 21 世纪末才能知道 n 是什么这个事实与逻辑性无关。（B）内涵的方法，这里的 Q^* 不是同构不变的。对于任何两种形式上可能的跑步速度，都存在这样的域：它含有（形式上可能的）以那些速度跑一英里的人，并且 Q^* 在有这种域的结构的所有同构下都不是不变的。

（iii）是男性寡妇的不可能性（就像同时是全红和全蓝的不可能性，见 3.4 节）并不是形式的不可能性。因此存在某些结构，在这些结构中一些形式上可能的个体是男性寡妇，因而"是一个男性寡妇"在这样的域中非空，因此不能认为它与"不是自我同一的"是同一的。简而言之，"是男性寡妇"在结构（具有形式上可能个体的域）的所有同构下不是不变的。

最后，这些批评实际上并不是对逻辑性的同构不变标准的批评（而是对认可哪种类型的等值的批评）。它们独立于同构不变性标准，因为被这些批评质疑其逻辑性的每个常项，如果是逻辑的，那么就是一个被定义出来的标准一阶逻辑的逻辑常项。

6.2 生 成 过 少

生成过少的批评集中于同构不变性标准没有将"非数理"逻辑（如模态逻辑）的独特算子归入逻辑的这一事实。这种批评宣称，既然在实践中我们确实把模态系统看作逻辑的，因此同构不变性标准（或其句子相关物）生成过少。

---

① 关于"是非空的且水是 H_2O"（IS-NONEMPTY-AND-WATER-IS-H_2O），这个谓项在形式上不等值于"是非空的"（IS-NONEMPTY），因此它不是逻辑的。

所有在实践中被视为逻辑的常项都应满足逻辑性的适当标准。而这样的标准也仅是追踪我们目前的实践［参见，例如，（Dutilh Novaes，2014）］。

评价。逻辑性的同构不变标准并不打算成为一个纯粹描述性的标准，一个只是简单地描述我们当前实践的标准。要识别当前实践中通常被视为逻辑常项的常项，所有我们需要的只是一个列表。同构不变性标准是一种理论的、系统的标准，旨在以批判性的方式解决某种理论问题，并且不受现有的惯例与约定束缚。它应该成为某种基本逻辑类型（一般谓词逻辑）的关键标准。它要解决的理论问题是 lcs 的选择，其指导目标是把所有且仅为形式的-和必然的-后承确定为逻辑后承。

同构不变性标准利用富有成效的不变性思想，提供了解决这个问题的一种方案。从这个解决方案可以得出：①标准一阶逻辑的 lcs 是逻辑的；②它们不是唯一的 lcs。

正如我们所强调的，这个标准是为形式的数理逻辑设计的，这种逻辑被广泛认为是一种非常基本的逻辑类型。在关注这种类型的逻辑时，并没有对任何其他类型的逻辑（如模态逻辑）给予否定的判断，它们（如模态逻辑）的语义装置体系与数理逻辑的语义装置不同，包括可能世界、可及性关系、框架等。批判性地审查这类逻辑，理解它们的任务或功能，为它们提供哲学基础，刻画它们独特的常项，并检查它们与形式（数理）逻辑的关系，这是一个不同于本书研究的项目，而且对本书研究来说是一个受欢迎的补充。

第7章 结　　论

在本书中，我们对 LC 进行了深入的研究，重点关注它的语义定义。开始于塔斯基的经典论文（Tarski，1983 [1936a]），我们考察了一般的语义特征，特别是逻辑语义的特征，从真之语义定义到 LC 的语义定义的路径，LC 适当定义的必然性和形式性基本条件，构建满足这些条件的语义定义的尝试，以及构建这种定义所面临的挑战，包括逻辑性问题（ℓcs）。我们描述了逻辑性的同构不变标准，并解释了它如何解决这一问题。我们进一步解释了同构不变性是如何与形式性相关联，以及反过来，形式性又是如何与一种特别强的必然性（形式必然性）及 LC 的其他期望特征（如主题中立性、普遍性、强规范性等）相联系。我们解释了运用于 LC 语义定义中的模型论装置：模型表示什么；模型中的真的定义；在所有模型中保真如何等同于形式的-和必然的-保真；甚至更多。我们已经表明 LC 的标准一阶概念在理论上是适当的，但我们也已表明它并没有穷尽 LC 的形式概念，并解释了它可以如何扩展以及扩展到什么程度。我们已解释了逻辑如何以世界的形式结构为基础，还讨论了逻辑与数学的关系。我们分析、评价、澄清了对 LC 的语义定义及逻辑性相关标准的批评和混淆。进一步讨论了 LC 语义定义在人类求知中的哲学基础及其对逻辑性的影响。

在哲学文献中有大量的、各种各样关于 LC 的附加概念。具有内在兴趣的概念包括（但不限于）推理主义的概念（例如，Brandom，1994；Peregrin，2014）、直觉主义概念（参看，例如，Posy，2020）、认知经济（cognitive-economy）概念（例如，Field，2015）、新塔斯基实用主义概念（例如，Varzi，2002）、逻辑虚无主义概念（例如，Russell，2018）、逻辑紧缩论概念（例如，Shapiro，2011）和逻辑多元论概念（例如，Beall and Restall，2006；Shapiro，2014）。我们已经简要地接触到了其中的一些，但是，由于我们要达到一种深刻的哲学理解的目标以及篇幅的限制，我们重点关注了一个非常重要的概念，即形式逻辑核心系统中的 LC 语义概念。

参 考 文 献

[1] Bagaria, J. 2019. Set Theory. *Stanford Encyclopedia of Philosophy*. E. N. Zalta(ed.). Stanford, CA: The Metaphysics Research Lab.

[2] Barwise, J. 1972. Absolute Logics and $L_{\infty\,\omega}$. *Annals of Mathematical Logic* 4: 309-340.

[3] Barwise, J. 1985. Model-Theoretic Logics: Background and Aims. *Model-Theoretic Logics*. J. Barwise and S. Feferman(eds.). New York: Springer-Verlag. pp. 3-23.

[4] Beall, J. C., and G. Restall. 2006. *Logical Pluralism*. Oxford: Oxford University Press.

[5] Bonnay, D. 2008. Logicality and Invariance. *Bulletin of Symbolic Logic* 14: 29-68.

[6] Brandom, R. B. 1994. *Making It Explicit. Cambridge*, MA: Harvard University Press.

[7] Chihara, C. 1998. Tarski's Thesis and the Ontology of Mathematics. *The Philosophy of Mathematics Today*. M. Schirn(ed.). Oxford: Oxford University Press. pp. 157-172.

[8] Dummett, M. 1978. *Truth and Other Enigmas*. Cambridge, MA: Harvard University Press.

[9] Dutilh Novaes, C. 2014. The Undergeneration of Permutation Invariance as a Criterion for Logicality. *Erkenntnis* 79: 81-97.

[10] Enderton, H. B. 2001. *A Mathematical Introduction to Logic*. San Diego, CA: Hartcourt.

[11] Etchemendy, J. 1990. *The Concept of Logical Consequence*. Cambridge, MA: Harvard University Press.

[12] Etchemendy, J. 2008. Reflections on Consequence. *New Essays on Tarski and Philosophy*. D. Patterson(ed.). Oxford: Oxford University Press. pp. 263-299.

[13] Feferman, S. 1999. Logic, Logics, and Logicism. *Notre Dame Journal of Formal Logic* 40: 31-54.

[14] Feferman, S. 2000. Mathematical Intuition vs. Mathematical Monsters. *Synthese* 125: 317-322.

[15] Feferman, S. 2010. Set-theoretical Invariance Criteria for Logicality. *Notre Dame Journal of Formal Logic* 51: 3-20.

[16] Field, H. 2009. What Is the Normative Role of Logic? *Proceedings of the Aristotelian Society Suppl.* 83: 251-268.

[17] Field, H. 2015. What Is Logical Validity. *Foundations of Logical Consequence*. C. R. Caret and O. T. Hjortland(eds.). Oxford: Oxford University Press. pp. 33-70.

[18] Fitting, M. 2015. Intensional Logic. *Stanford Encyclopedia of Philosophy*. E. N. Zalta(ed.). Stanford, CA: The Metaphysics Research Lab.

[19] Frege, G. 1967(1879). Begriffsschrift. *From Frege to Gödel*. J. van Heijenoort(ed.). Cambridge, MA: Harvard University Press. pp. 5-82.

[20] Frege, G. 1893. *The Basic Laws of Arithmetic*. Vol. 1. Berkeley, CA: University of California Press, English translation 1964.

[21] Frege, G. 1918. Thoughts. *Logical Investigations*. Oxford: Basil Blackwell, English translation 1977. pp. 1-30.

[22] Friedman, M. 2001. *Dynamics of Reason*. Stanford, CA: CSLI.

[23] García-Carpintero, M. 1993. The Grounds of the Model-theoretic Account of the Logical Properties. *Notre Dame Journal of Formal Logic* 34: 107-131.

[24] Gödel, K. 1986(1929). On the Completeness of the Calculus of Logic. *Collected Works*. Vol. 1. S. Feferman, J. W. Dawson, Jr., S. C. Kleene, et al. (eds.). New York: Oxford University Press. pp. 61-101.

[25] Gödel, K. 1986(1931). On Formally Undecidable Propositions of Principia Mathematica and Related Systems I. *Collected Works*. Vol. 1. S. Feferman, J. D. Dawson, Jr., S. C. Kleene, et al. (eds.). New York: Oxford University Press. pp. 145-195.

[26] Gómez-Torrente, M. 1996. Tarski on Logical Consequence. *Notre Dame Journal of Formal Logic* 37: 125-151.

[27] Gómez-Torrente, M. 2002. The Problem of Logical Constants. *Bulletin of Symbolic Logic* 8: 1-37.

[28] Griffiths, O., and A. C. Paseau. 2016. Isomorphism Invariance and Overgeneration. *Bulletin of Symbolic Logic* 22: 482-503.

[29] Griffiths, O., and A. C. Paseau. 2022. *One True Logic*. Oxford: Oxford University Press.

[30] Hanson, W. H. 1997. The Concept of Logical Consequence. *Philosophical Review* 106: 365-409.

[31] Harman, G. 1986. *Change in View*. Cambridge, MA: The MIT Press.

[32] Hilbert, D. 1950(1899). *The Foundations of Geometry*. La Salle, IL: Open Court.

[33] Hilbert, D., and W. Ackerman. 1950(1928). *Principles of Mathematical Logic*. New York: Chelsea Publishing.

[34] Hodges, W. 1986. Truth in a Structure. *Proceedings of the Aristotelian Society* 86: 135-151.

[35] Jacquette, D. 1994. Tarski's Quantificational Semantics and Meinongian Object Theory Domains. *Pacific Philosophical Quarterly* 75: 88-107.

[36] Kant, I. 1929(1781/1787). *Critique of Pure Reason*. London: Macmillan.

[37] Keisler, H. J. 1970. Logic with the Quantifier 'There Exist Uncountably Many.' *Annals of Mathematical Logic* 1: 1-93.

[38] Klein, F. 1872. A Comparative Review of Recent Researches in Geometry. PhD thesis. University of Bonn.

[39] Kreisel, G. 1967. Informal Rigor and Completeness Proofs. *Problems in the Philosophy of Mathematics*. I. Lakatos(ed.). Amsterdam: North-Holland. pp. 138-186.

[40] Kripke, S. 1970/1980. *Naming and Necessity*. Cambridge, MA: Harvard University Press.

[41] Levy, A. 1960. Axiom Schemata of Strong Infinity in Axiomatic Set Theory. *Pacific Journal of Mathematics* 10: 223-238.

[42] Lindström, P. 1966. First Order Predicate Logic with Generalized Quantifiers. *Theoria* 32: 186-195.

[43] Lindström, P. 1969. On Extensions of Elementary Logic. *Theoria* 35: 1-11.

[44] Löwenheim, L. 1967(1915). On Possibilities in the Calculus of Relatives. *From Frege to Gödel*. J. van Heijenoort(ed.). Cambridge, MA: Harvard University Press. pp. 228-251.

[45] MacFarlane, J. 2000. What Does It Mean to Say That Logic Is Formal? PhD thesis. University of Pittsburgh.

[46] MacFarlane, J. 2015. Logical Constants. *Stanford Encyclopedia of Philosophy*. E. N. Zalta(ed.). Stanford, CA: The Metaphysics Research Lab.

[47] Maddy, P. 2007. *Second Philosophy*. Oxford: Oxford University Press.

[48] May, R. 1985. Logical Form: Its Structure and Derivation. Cambridge, MA: The MIT Press.

[49] McCarthy, T. 1981. The Idea of a Logical Constant. *Journal of Philosophy* 78: 499-523.

[50] McGee, V. 1992a. Review of Etchemendy, The Concept of Logical Consequence. *Journal of Symbolic Logic* 57: 254-255.

[51] McGee, V. 1992b. Two Problems with Tarski's Theory of Consequence. *Proceedings of the Aristotelian Society* 92: 273-292.

[52] McGee, V. 1996. Logical Operations. *Journal of Philosophical Logic* 25: 567-580.

[53] McGee, V. 2004. Tarski's Staggering Existential Assumptions. *Synthese* 142: 371-387.

[54] Montague, R. 1974. The Proper Treatment of Quantification in Ordinary English. *Formal

Philosophy: Selected Papers. R. H. Thomason(ed.). New Haven, CT: Yale University Press. pp. 247-270.

[55] Mostowski, A. 1957. On a Generalization of Quantifiers. *Fundamenta Mathematicae* 44: 12-36.

[56] Parsons, C. 1974. Sets and Classes. *Noûs* 8: 1-12.

[57] Peregrin, J. 2014. Inferentialism: *Why Rules Matter*. London: PalgraveMacmillan.

[58] Peters, S., and D. Westerståhl. 2006. *Quantifiers in Language and Logic*. Oxford: Oxford University Press.

[59] Posy, C. 2020. *Mathematical Intuitionism*. Cambridge: Cambridge University Press.

[60] Priest, G. 1995. Etchemendy and Logical Consequence. *Canadian Journal of Philosophy* 25: 283-292.

[61] Quine, W. V. 1970/1986. *Philosophy of Logic*. Cambridge, MA: Harvard University Press.

[62] Ray, G. 1996. Logical Consequence: A Defense of Tarski. *Journal of Philosophical Logic* 25: 303-313.

[63] Rescher, N. 1962. Plurality-Quantification. Abstract. *Journal of Symbolic Logic* 27: 373-374.

[64] Resnik, M. D. 1981. Mathematics as a Science of Patterns: Ontology and Reference. *Noûs* 15: 529-550.

[65] Russell, B. 1971(1919). *Introduction to Mathematical Philosophy*. New York: Simon & Schuster.

[66] Russell, G. 2018. Logical Nihilism: Could There Be No Logic? *Philosophical Issues* 28: 308-324.

[67] Russell, G. 2020. Logic Isn't Normative. *Inquiry* 63: 371-388.

[68] Sagi, G. 2015. The Modal and Epistemic Arguments against the Invariance Criterion for Logical Terms. *Journal of Philosophy* 112: 159-167.

[69] Schurz, G. 1994. Logical Truth: Comments on Etchemendy's Critique of Tarski. *Sixty Years of Tarski's Definition of Truth*. B. Twardowski and J. Woleński(eds.). Kraków: Philed. pp. 78-95.

[70] Shapiro, L. 2011. Deflating Logical Consequence. *Philosophical Quarterly* 61: 320-342.

[71] Shapiro, S. 1997. *Philosophy of Mathematics*. Oxford: Oxford University Press.

[72] Shapiro, S. 1998. Logical Consequence: Models and Reality. *The Philosophy of Mathematics Today*. M. Schirn(ed.). Oxford: Oxford University Press. pp. 131-156.

[73] Shapiro, S. 2014. *Varieties of Logic*. Oxford: Oxford University Press.

[74] Sher, G. 1991. *The Bounds of Logic*. Cambridge, MA: The MIT Press.

[75] Sher, G. 1996. Did Tarski Commit 'Tarski's Fallacy'? *Journal of Symbolic Logic* 61: 653-686.

[76] Sher, G. 2001. The Formal-structural View of Logical Consequence. *Philosophical Review* 110: 241-261.

[77] Sher, G. 2003. A Characterization of Logical Constants Is Possible. *Theoria* 18: 189-197.

[78] Sher, G. 2008. Tarski's Thesis. *New Essays on Tarski and Philosophy*. D. Patterson(ed.). Oxford: Oxford University Press. pp. 300-339.

[79] Sher, G. 2016. *Epistemic Friction: An Essay on Knowledge, Truth, and Logic*. Oxford: Oxford University Press.

[80] Sher, G. 2021. Invariance and Logicality in Perspective. *The Semantic Conception of Logic: Essays on Consequence, Invariance, and Meaning*. G. Sagi and J. Woods(eds.). Cambridge: Cambridge University Press.

[81] Skolem, T. 1967(1920). A Simplified Proof of a Theorem by L. Löwenheim and Generalizations of the Theorem. *From Frege to Gödel*. J. van Heijenoort(ed.). Cambridge, MA: Harvard University Press. pp. 252-263.

[82] Speitel, S. 2020. *Logical Constants between Inference and Reference: An Essay in the Philosophy of Logic*. PhD thesis. University of California-San Diego.

[83] Steinberger, F. 2019. Three Ways in Which Logic Might Be Normative. *Journal of Philosophy* 116: 5-31.

[84] Tarski, A. 1966/1986. What Are Logical Notions? *History and Philosophy of Logic* 7: 143-154.

[85] Tarski, A. 1983(1933). The Concept of Truth in Formalized Languages. *Logic, Semantics, Metamathematics*. J. Corcoran(ed.). Indianapolis, IN: Hackett. pp. 152-278.

[86] Tarski, A. 1983(1936a). On the Concept of Logical Consequence. *Logic, Semantics, Metamathematics*. J. Corcoran(ed.). Indianapolis, IN: Hackett. pp. 409-420.

[87] Tarski, A. 1983 [1936b]. The Establishment of Scientific Semantics. *Logic, Semantics, Metamathematics*. J. Corcoran(ed.). Indianapolis, IN: Hackett. pp. 401-408.

[88] Tarski, A., and R. L. Vaught. 1957. Arithmetical Extensions of Relational Systems. *Compositio Mathematica* 13: 81-102.

[89] Väänänen, J. 2019. Second-order and Higher-order Logic. *Stanford Encyclopedia of Philosophy*. E. N. Zalta(ed.). Stanford, CA: The Metaphysics Research Lab.

[90] Varzi, A. C. 2002. On Logical Relativity. *Philosophical Issues* 12: 197-219.

[91] Vaught, R. L. 1974. Model Theory before 1945. L. Henkin, J. Addison, C. C. Chang, et al. (eds.). *Proceedings of the Tarski Symposium*. Providence, RI: American Mathematical Society. pp. 153-172.

[92] Whitehead, A. N., and B. Russell. 1910-1913/1925-1927. *Principia Mathematica*. Vols. I-III. Cambridge: Cambridge University Press.

感　　谢

　　我要感谢我 2021 年和 2022 年逻辑后承课程的学生，以及米拉娜·科斯蒂克（Milana Kostic）、布拉德·阿穆尔加布（Brad Armurgarb）、弗雷德·克龙（Fred Kroon）、皮特·谢尔（Peter Sher）和两位匿名的审稿人，感谢他们在手稿准备方面提供的宝贵帮助。

附录一　陈波与吉拉·谢尔的访谈

吉拉·谢尔的学术背景及其早期研究

——陈波与吉拉·谢尔的对话[*]

陈波[1]，[美] 吉拉·谢尔[2]

（1. 北京大学哲学系，北京；2. 加利福尼亚大学圣地亚哥分校哲学系，
加利福尼亚圣地亚哥）

摘要： 吉拉·谢尔在以色列长大，后去到美国，先后攻读硕士和博士学位，并最终取得加利福尼亚大学圣地亚哥分校哲学系教授教职。对吉拉·谢尔影响最深的哲学家是康德、蒯因和塔斯基。吉拉·谢尔的第一本书《逻辑的界限：一种广义的视角》是以其博士论文为基础的，在这部著作中，她将同构不变性作为逻辑性的标准，拓展了数理逻辑的范围，发展了一种广义的逻辑观。之后，她花了相当长一段时间，开始发展在哲学方法论、认识论和真理论上的思想，为其第二部著作《认知摩擦：关于知识、真和逻辑》的出版做着累积性的工作。在此期间，吉拉·谢尔探索的其他主题包括分枝量化、不确定性和本体论的相对性，以及自由意志。

---

* 陈波于 2017 年 8 月 10 日至 2017 年 8 月 25 日，受北京大学研究生院"文科博导短期出国项目"资助，赴美国加利福尼亚大学圣地亚哥分校访问吉拉·谢尔教授，两人共同完成了 4 万多字的长篇访谈：《基础整体论、实质真理论和一种新的逻辑哲学——陈波与吉拉·谢尔教授的对话》。本文是该访谈的第一部分，由四川大学公共管理学院副教授徐召清翻译。本文曾刊登于《湖北大学学报（哲学社会科学版）》2018 年第 45 卷第 5 期。

陈波（1957～），男，湖南常德人，北京大学哲学系教授、博士生导师，哲学博士，主要从事逻辑学和分析哲学研究。

吉拉·谢尔（Gila Sher，1948～），女，以色列人，加利福尼亚大学圣地亚哥分校哲学系教授，主要从事认识论、形而上学和逻辑哲学研究。

关键词：吉拉·谢尔；康德；蒯因；塔斯基；《逻辑的界限：一种广义的视角》；分枝量词

陈波（以下简称为"陈"）：吉拉·谢尔教授，很高兴能在加利福尼亚大学圣地亚哥分校见到你并对你做采访。可以说，我"遇到"你纯属巧合。2014年，我在日本大学待了一年，以访问学者身份从事研究工作。当时我在写一篇文章讨论蒯因的真概念，我在谷歌上搜索相关文献。你的名字和文章就蹦了出来。我下载了一些你的论文，阅读后很喜欢它们。在我看来，我们在相似的哲学方向上工作，在一些基本的哲学问题上持有相似的立场。我喜欢你的话题、立场、论证，甚至你的哲学风格。我个人认为，你的研究非常重要，具有很高的品质，你的新著《认知摩擦：关于知识、真和逻辑》（*Epistemic Friction: An Essay on Knowledge，Truth and Logic*，2016）是对认识论、真理论和逻辑哲学的重要贡献。这正是我决定邀请你于2016年到北京大学做五场学术讲座的原因。

吉拉·谢尔（以下简称为"谢"）：是的，在中国找到一个志趣相投的人非常棒，我特别享受对北京大学的访问。

一、谢尔的早期经历

陈：目前，我的中国同事们对你几乎一无所知。你能说一些关于你自己的一般信息吗？比如，你的背景、教育和学术生涯。好让中国读者，或许也包括西方读者，能够了解你，也能更好地理解你的哲学。

谢：好的。我是在以色列长大的。以色列那时是一个年轻的理想主义国家，在大多数人群中都有一种独立思考和理智交锋的社会风气。虽然我在一个小国长大，但我一直认为自己是世界公民。世界各地的著作都被译成希伯来文。我既在学校也在青年运动中（我们曾定期讨论应用伦理学的问题）学到了半理论化的思维。但完全理论化的抽象思维，我是在家里跟我父亲学的，他称得上是一位理智建筑师。抽象思维就像一场冒险，其令人兴奋的程度不亚于我在马克·吐温和儒勒·凡尔纳的小说中所读到的那些冒险。我高中毕业之后，在以色列军队服役了两年（在隶属于基布兹运动的部队中）。当我服完役后，我立刻开始在耶路撒冷的希伯来大学进行本科学习，在那里我主修哲学和社会学。学习哲学对我来说是一种深切的体验。在第一年里，我充满了各种问题，却找不到满意的答案。但是，当我在第二年学习康德的《纯粹理性批判》时，突然一切都变得清晰起来。那种感觉就像是发现了一件自己终其一生都在寻找的东西，而在之前却不知道自己是在寻找它。康德至今仍是我的榜样，是真正的哲学家。但康德在那时是历史，而我自己却想做哲学。这是分析哲学所提供的东西，也是我在希伯来大学的第二年遇到的。我对分析哲学的极度狭隘以及对"大"哲学问题的忽视有所不满，但我喜欢它积极地提出难题并积极地加以解决的精神。这两个吸引人的地方，以及它们之间的冲突，是希伯来大学哲学系在那段时期内的特征。哲学系的分歧很大，而争论的对象是哲学方法论。我们应该怎么做哲学？我们应该提出哪些问题并使用以康德和其他传统哲学家为代表的方法，还是应该使用当代分析哲学家的方法来强调语言的重要性？我的两位教授——埃迪·泽马赫（Eddy Zemach）和约瑟夫·本·什洛莫（Yosef Ben Shlomo）在这个问题上进行过公开的辩论，而我们这些学生，既是陪审团又是法官。要走哪条路由我们自己决定，为了做出"正确的"决定，我们邀请每位教授与我们讨论他的立场，与什洛莫的讨论是在耶路撒冷的一间咖啡馆里，与泽马赫的讨论是在他的家里。这种活跃的氛围以及对自己决定如何做哲学的鼓励对我产生了深远的影响。我自己的选择是让那些经典的大问题保持活力，但使用新的工具来回答它们。在希伯来大学，我也发现了逻辑。我是从哲学而非数学进入逻辑的，所以我需要学习如何阅读逻辑学的高级教材，在大多数情况下，它们都是数学家为数学家写的。教会我做这件事的人是著名的集合论学者阿斯列尔·利维（Azriel Levy）。利维在数学系开设了一学期的逻辑课，主讲句子（命题）逻辑。但是他的解释是如此的深刻和普遍，在跟他学完这门课之后，我可以阅读任何数理逻辑等相关领域（比如，模型论）的教材。另一个有重要影响的人是戴尔·戈特利布（Dale Gottlieb）。戈特利布是一位美国的逻辑哲学家，他在希伯来大学进行一学期的访问。在他关于替代性量化的课堂上，我第一次体验到逻辑创造性的乐趣。其他在希伯来大学影响过我的教授有叶尔米亚胡·约韦尔（Yermiyahu Yovel）、阿维赛·马加利特（Avishai Margalit）、哈伊姆·盖夫曼（Haim Gaiffman），以及马克·斯坦纳（Mark Steiner）。

在我本科毕业几年之后，我搬到了美国，在纽约市的哥伦比亚大学读研究生，我的合作导师是查尔斯·帕森斯（Charles Parsons）。我那时希望一起工作的人能共享我对康德和逻辑的兴趣，具有我所欣赏的哲学上的正直与聪慧，而且不会干涉我的独立性。帕森斯拥有所有这些品质，甚至更多。我的博士论文委员会的其他成员有艾萨克·列维（Isaac Levi）、罗伯特·梅（Robert May）、维尔弗里德·西格（Wilfried Sieg），以及在西格转入卡耐基梅隆大学后接替他的肖恩·拉文（Shaughan Lavine）。在研究生期间，我在麻省理工学院做了一年的访问学者。在那里，我经常与乔治·布洛斯（George Boolos）、理查德·卡特赖特（Richard Cartwright）以及吉姆·希金博特姆（Jim Higginbotham）交流。在完成我的博士论文之后，我加入了加利福尼亚大学圣地亚哥分校的哲学系，先任助理教授。我至今还在那儿，现在是正教授。

二、所受的学术影响：康德、蒯因和塔斯基

陈：我想知道哪些学术人物对你有强烈的理智影响，或者在某种意义上说对你进行了理智上的塑造，包括逻辑学家和哲学家。我发现你经常提到一些大人物，比如康德、维特根斯坦、塔斯基、蒯因等。现在，我想知道当你发现康德的时候，他的著作有哪些方面给你留下深刻的印象，你认为他的哲学有哪些缺点，从而你可以为逻辑和哲学做出自己的贡献？

谢：你是对的。影响我最深的哲学家是康德、蒯因和塔斯基。维特根斯坦也有影响，还有普特南。在当代哲学家中，我觉得威廉姆森的实质主义哲学进路和其他实质主义者都很亲切。但康德是独特的。他是我的"哲学初恋"，是第一位让我一见如故的哲学家，如果要求我选两本代表人文精髓的哲学著作放入发送给外星人的胶囊中，那会是康德的《纯粹理性批判》和《道德形而上学基础》。

但我对康德哲学的内容的看法是复杂的。请允许我集中讨论《纯粹理性批判》。我认为康德的问题仍然是认识论的核心问题："人类对世界的知识是可能的吗？如果是，它是如何可能的？"我认为康德的看法是对的，这个问题在原则上是可以回答的，回答这个问题的关键是方法论，而主要问题在于，人类的心灵如何能够在认知上企及世界，以及它如何能够将这种认知转化为真正的知识。我同意康德的观点，其中一个关键问题是人类理性或理智在知识中所扮演的角色，而知识既需要我所说的"认知摩擦"，也需要"认知自由"（我很快会做解释）。此外，我认为康德的问题和答案是一种实质（substantive）哲学的范式。我也共享康德的观点，认为认识论的核心问题需要某种超越，而这种超越对人类来说是可能的。

然而，我对康德的知识进路也有很多不满。首先，我认为，他的世界概念和心灵概念，分别作为人类知识的目标和主体，都是不够充分的。康德将世界分为物自身和表象，这遭到了广泛且合理的批评。特别是，我认为他主张世界本身是完全无法为人类认知所企及的，这太强了，而他主张人类认知只局限于表象的世界，这又太弱了。我也对康德那僵化和静止的人类认知结构有所不满。此外，尽管康德强调了人类认知中的自由要素，但他的认知自由观念却极其薄

弱。自由的作用在很大程度上是消极的，而积极的自由似乎在他的知识观念中起不到任何作用。这一点在他对最高层次的认知综合，也就是范畴的描述中尤为明显。人类或许会故意地改变他们用来综合表征的范畴，但康德的理论没有为这种可能性留下空间。在他那里，范畴和作为我们的数学知识之基础的直观形式都是一成不变的。我也不同意他的下述看法，他认为数学定律和高度概括的物理定律几乎完全奠基于我们的心灵。此外，我发现康德的严格二分法——分析与综合、先验与后验——特别没用（我稍后会解释理由）。最后，我也对康德对逻辑的处理有所不满。尽管康德认识到逻辑在人类知识中所起的关键作用，但他对逻辑的态度在很大程度上是不加批判的，他对经验知识提出了哥白尼革命，但对逻辑却没有提出任何东西。问题不在于康德没有预见到弗雷格的革命而在于他没有提出关于逻辑基础尤其是逻辑真实性的深刻问题。

三、《逻辑的界限：一种广义的视角》的缘起和主要思想

陈：现在，我们来谈谈你的第一本书《逻辑的界限：一种广义的视角》（*The Bounds of Logic: A Generalized Viewpoint*, 1991），它是以你的博士论文为基础的。你能概括一下这本书的内容吗？比如，你想要回答的核心问题，你提出的新想法，你为自己的立场提供的重要论证，等等。

谢：《逻辑的界限：一种广义的视角》在推广传统的逻辑性（logicality，特别是逻辑常项：逻辑性质、逻辑算子）观念的基础上，发展了一种关于其范围和限制的广义逻辑观。正如你所提到的，这本书是以我的博士论文（《广义逻辑：哲学视角下的语言学应用》，*Generalized Logic: A Philosophical Perspective with Linguistic Applications*）为基础的，所以为了解释我是如何开始写作这本书的，我必须从我的博士论文和研究生生涯开始。我一直对"逻辑的（哲学）基础是什么？"这个问题感兴趣，但作为一个严肃的理论研究主题，我不知道如何解决它。你不能只问"逻辑的基础是什么？"，然后就指望能想出一个答案。或者至少我不能。我需要找到一个关于这个问题的切入点，它必须是①明确的，②可控的，而且③能进入问题的核心。但是，如何找到这样的切入点呢？我的导师查尔斯·帕森斯为我提供了这样一个切入点的线索。有一天，帕森斯向我提到了安德烈·莫斯托夫斯基（Andrej Mostowski）在 1957 年发表的一篇论文《论量词的推广》（*On a Generalization of Quantifiers*），并说我可能会觉得它有趣。我不知道他到底在想什么，但对我来说，那篇论文是一个启示。那是在 20 世纪 80 年代中期。在那一段时期，许多哲学家都认为核心的逻辑是标准

的一阶数理逻辑，而核心逻辑的逻辑常项——可以说是"逻辑之轮"——是真值函项的句子联结词（其中最有用的是"并非""并且""或者""如果……则……""当且仅当"），两个量词——全称量词（"每个""所有"）和存在量词（"存在""一些""至少一个"），以及同一关系。为什么是这些而不是其他的，这个问题很少被问起。对句子联结词来说，至少有一个通用的逻辑性标准——真值函数性。就我所知，没有人问过为什么这是正确的标准，但至少有一个通用的标准，我们可以针对它问这个问题。对于逻辑量项和谓项来说，甚至都没有一个通用的标准。只有一个列表。其包含两个量项和一个谓项，可能还在可定义性下封闭（因此像"至少有 n 个东西使得……"这样的量词也可以被认为是一个逻辑常项）。那时可接受的观点是，你不能为"逻辑是什么"的问题给出一个实质性的答案。在维特根斯坦之后，哲学家们认为我们可以"看到"逻辑是什么，但我们不能"说"或"解释"逻辑是什么。在蒯因之后，公认的观点是，逻辑仅仅是"明显的"，没有必要对逻辑的本性进行批判性研究。

但莫斯托夫斯基指出，我们可以通过找出公认的量词背后的某种普遍原则来推广传统的逻辑量词概念，并根据这一原则构建一个逻辑标准，然后论证所有满足这一标准的量词都是真正的逻辑量词。他的标准是（在论域中的）置换不变性，而这一标准后来被进一步推广为同构不变性（在那时，最有影响的人是佩尔·林斯特姆）。我在《逻辑的界限：一种广义的视角》中提出的问题是：同构不变性是正确的逻辑性标准吗？逻辑的界限是否比标准的一阶数理逻辑更广？它们包含了满足逻辑性的不变性标准的所有逻辑吗？为什么？这个"为什么？"的问题是《逻辑的界限：一种广义的视角》的主要创新。这个问题的意思是：在哲学上有令人信服的理由来接受或拒绝将不变性作为逻辑性的标准吗？这一标准是否反映了逻辑背后的深层哲学原则？那些原则是什么？为什么它们是正确的（或错误的）原则？我并不是在寻找一个逻辑性的"标志"——例如，"先验性"。我对传统的哲学二分法表示怀疑，无论如何，我都看不出先验性如何能进入逻辑性的核心。在参照莫斯托夫斯基-林斯特姆标准给出我的问题之后，挑战就在于找到一种方法来回答这个问题。当时，只有少数有影响力的文章是关于逻辑常项概念的，例如，克里斯托弗·皮科克（Christopher Peacocke）的《什么是逻辑常项？》（*What is a Logical Constant*，1976），以及蒂莫西·麦卡锡（Timothy McCarthy）的《逻辑常项的观念》（*The Idea of Logical Constants*，1981）。两者都拒绝将同构不变性作为适当的逻辑性标准，但他们的考虑与我所追求的东西离得太远。

　　我自己的研究的催化剂是约翰·埃切门迪（John Etchemendy）的博士论文《塔斯基、模型论与逻辑真》（*Tarski, Model Theory, and Logical Truth*, 1982），后来发展成一本书《逻辑后承概念》（*The Concept of Logical Consequence*, 1990）。埃切门迪提出了一个挑衅的主张：塔斯基对逻辑后承的定义是失败的，因为他在用模态算子为其充足性辩护时，犯了一个低级错误。同样的道理也适用于当代的逻辑。对逻辑后承的语义定义在原则上都会失败，它在有些地方管用是纯属巧合。这一挑衅的主张向我展示了研究逻辑基本原则的方法。我的第一步是重读塔斯基的经典论文《论逻辑后承的概念》（*On the Concept of Logical Consequence*, 1936）。重读这篇论文之后，我批判性地审视了它的主张，并把它与我在论文中提出的问题联系起来，我看到了埃切门迪的分析误入歧途的地方。塔斯基确定了逻辑后承的两个前理论特征：必然性（强的模态力）和形式性。一个陈述要是一组句子（前提）的逻辑后承（或可由它们逻辑地推出），那些句子（前提）的真必须确保结论的真，这既要有一种特别强的模态力也要以句子包含的形式特征为基础。塔斯基将逻辑后承定义为一种在所有模型中都保真的后承，并声称这个定义满足了必然性和形式性条件，只要我们能适当地将词项（常项）区分为逻辑常项和非逻辑常项。

　　塔斯基本人不知道对逻辑常项给出一种系统的刻画是否有可能，他在论文结尾的注释中表达了一种怀疑的态度。但是，我看到了同构不变性的想法如何使我们能够把证成塔斯基的逻辑后承定义的所有必要的元素都绑在一起：同构不变性充分地抓住了形式性的概念。逻辑常项需要满足这个不变性标准，以成为形式的。鉴于逻辑常项的形式性，逻辑后承可以且也应该是形式的。为了达到这个目标，我们使用塔斯基式的模型。塔斯基式的模型可以代表所有形式上可能的情形。因此，在所有塔斯基式的模型上都成立的后承在所有形式可能的情形中都成立。这进而保证了塔斯基式的后承具有特别强的必然性。正是如此，符合塔斯基定义的后承真的是逻辑后承（相比之下，埃切门迪完全忽视了形式性的条件，因此无法看到必然性是如何被满足的）。

　　将同构不变性作为一种逻辑性标准具有重要的意义：它极大地扩展了数理逻辑，甚至是一阶逻辑的范围。一阶逻辑是一组一阶逻辑系统，每一个都有一组满足同构不变性的逻辑常项，我证明了，就像将它们推广到句子逻辑一样，这与现有的真值函数性标准不谋而合，而这也为这一标准提供了一种哲学上的理由。非标准的逻辑常项包括"大多数""少数的""有穷多""良序的"和许多其他的量词。这本书超越了现存的莫斯托夫斯基-林斯特姆标准，它不仅定义了逻辑算子，还定义了逻辑常项，提供了额外的条件，用来解释逻辑常项如何被纳入到一个适当的逻辑系统中。我的逻辑算子概念部分与塔斯基在1966 年的一次演讲《什么是逻辑概念？》（*What are Logical Notions*？）中提出的相符。塔斯基的演讲并没有影响我的想法，因为它最早出版于 1986 年，当我发现它的时候（大约一年以后），我对逻辑性的想法已经完全成熟了。碰巧的是，塔斯基自己并没有把这次演讲与逻辑后承的问题联系起来，他说，他的演讲对"什么是逻辑？"的问题什么都没有说，那是留给哲学家去回答的问题。

四、分枝量词和 IF 逻辑

　　陈：在《逻辑的界限：一种广义的视角》内，你谈到了分枝量词。这让我想起了雅各·欣迪卡（Jaakko Hintikka）。在 1997～1998 年，我在赫尔辛基大学跟冯·赖特做了一年的访问学者。在那里，我多次见到欣迪卡。我知道，欣迪卡和他以前的博士生加布里埃尔·桑杜（Gabriel Sandu）在分枝量词的基础上创立了 IF 逻辑（友好独立的一阶逻辑）和博弈论语义学，并得出了一系列惊人的结论。欣迪卡自己曾写道，IF 逻辑将在逻辑和数学基础领域掀起一场革命。二十多年过去了，你能对欣迪卡的逻辑和博弈论语义学做点评论吗？

　　谢：分枝或偏序量词的想法是基于对标准一阶数理逻辑的另一种推广——推广量词前缀的结构。在标准逻辑中，量词前缀是线性的——（$\forall x$）（$\exists y$）Rxy，或（$\forall x$）（$\exists y$）（$\forall z$）（$\exists w$）$Sxyzw$（读作"对每个 x 都有一个 y 使得 x 与 y 之间有 R 关系"和"对每一个 x 都有一个 y 使得对每个 z 都有一个 w 使得 x，y，z 和 w 之间有 S 关系"）。其中，y 依赖于 x，z 依赖于 y（和 x），而 w 则依赖于 z（y 和 x）。在 1959 年，著名的逻辑学家和数学家里昂·亨金（Leon Henkin）问：为什么量词前缀总是线性序的？他提议将量词前缀推广到偏序的前缀，并将线性序的量词作为其特例。亨金的工作纯粹是数学上的，但在 1973 年，欣迪卡论证说它有自然语言的应用。从那里开始，分枝或偏序量词的研究就以两种方式在发展。

　　其中一种是乔·巴威斯（Jon Barwise）和达格·维斯特尔塔等人的发展，涉及两种推广的结合——始于莫斯托夫斯基的广义量词和亨金对量词前缀的推广。这导致了分枝广义量词理论的诞生。举一个日常语言中的分枝广义量词的例子（来自巴威斯），"你班上的大多数男生和我班上的大多数女生都互相约会过"，其中用到了广义量词"大多数"。这个句子的线性版本说的是："你班上的大多数男生都是这样的，他们每一个人都和我班上的大多数女生约会过。"

其分枝版本说的是，有两组人：一组是你班上的大多数男生，另一组是我班上的大多数女生，前一组里的所有男生都约会过后一组里的所有女生，而且也被后一组里的所有女生约会过。这种分枝解读要求每一个男生都与女生组中的所有女孩约会过，而线性解读则不要求这一点。但巴威斯发现，（从技术上说）很难对所有分枝量词都做出同样的解释。上面的解释适用于单调递增的广义量词（如"大多数"和"至少两个"），但对于其他量词（例如，像"少数"这种非单调递增的量词、像"偶数个"和"恰好两个"这种非单调的量词，以及单调性方面的混合量词）则不适用。巴威斯的结论是，分枝量词句子的意义取决于所涉及的量词的单调性，而且有些分枝量词的组合则产生了毫无意义的句子。这对我来说没有什么用处，在我的博士论文（和《逻辑的界限：一种广义的视角》）中，我证明了，通过添加一个特定的最大值条件，我们可以对所有分枝量词做出统一的解释，而不用考虑单调性。我在这个想法的基础上，在后来的一篇论文（*A General Definition of Partially-Ordered Generalized Quantification*，1994）中，提出了关于分枝量词的完全普遍的语义定义。对分枝量词进行完全普遍的语义定义的主要挑战是缺乏组合性，这意味着递归是不容易获得的。但是有很多方法可以克服这个问题。

关于分枝量词研究的第二个方向是欣迪卡采取的方向。欣迪卡只考虑标准的量词，他与加布里埃尔·桑杜合作，为分枝量词发展了一种博弈论语义学，他们称之为"IF 逻辑"或"友好独立的逻辑"，也就是这样一种逻辑，其中给定量词前缀中某些量词的出现可以是相互独立的（或不在彼此的辖域中）。欣迪卡相信，新的逻辑是非常强大的。它可以用来为数学提供一个新的基础——这是他在 1998 年的书《数学原理再探》(*The Principles of Mathematics Revisited*)中所追求的。他还认为，分枝量词可以在量子力学这样的领域中使用，在量子力学中，物体之间存在着非标准的依赖关系和独立性。我可以理解为什么欣迪卡认为这可能对 IF 逻辑来说是一个富有成果的应用，但我不知道这究竟是如何起效的。不幸的是，欣迪卡在他进一步发展这些想法之前就去世了。我希望桑杜会继续这个项目。

五、潜伏期：为起跳做准备

陈：从你的第一本书《逻辑的界限：一种广义的视角》（1991）到你的第二本书《认知摩擦：关于知识、真和逻辑》（2016），中间隔了 25 年。在这段时间内，你与别人共同编辑了一本书《在逻辑和直觉之间：查尔斯·帕森斯纪念文集》（*Between Logical and Intuition：Essays in Honor of Charles Parsons*，2000）。我知道你从来没有停止过你的探索和研究。你能概括一下你在这段时间内的学术工作吗？

谢：在完成我的第一本书之后，我开始发展我在哲学方法论、认识论和真理论上的思想，并更详细地阐述我的逻辑概念的哲学方面。我的工作风格是累积性的。我对认识论的兴趣发生在我对逻辑的兴趣之前，在希伯来大学时，我就开始研究蒯因了。作为哥伦比亚大学的一名研究生，我继续发展关于蒯因的想法，这最终在一篇论文中达到了顶峰：《在蒯因的理论中存在哲学的位置吗？》（*Is There Place for Philosophy in Quine's Theory?*），1999 年发表于《哲学杂志》。在加利福尼亚大学圣地亚哥分校，我举办了一些关于卡尔纳普和蒯因的研究生讨论班，这些都导致了我的想法的进一步发展。我对蒯因哲学的态度总是复杂的。一方面，我很钦佩蒯因的哲学勇气、独立性，以及原创想法和常识的结合。特别是，我很欣赏他对传统哲学二分法的否定，我认为这为解决传统的认识论问题开辟了新的可能性。同时，我认为在某种程度上，蒯因对哲学的看法非常狭隘，这部分地反映在他根深蒂固的经验论和自然主义的方法论之中。这促使我发展了一种修正的知识模型———一种"新"或"后"蒯因模型，那之后都被收录到我的第二本书中。

真并不是我最初计划写的主题。我关注它有两方面的原因。首先，这是我对逻辑尤其是对塔斯基的逻辑方法的兴趣的自然延续。塔斯基的逻辑方法主要是语义的。尤其是，他将逻辑后承视为一种语义概念。但什么是语义概念呢？塔斯基对这个问题有一个清楚明白的答案：一个概念是语义的，当且仅当它与语言表达式和世界上的对象之间的关系有关。因此，语义概念本质上是符合概念，而这是由塔斯基将他的真概念（在 1933 年的论文 *The Concept of Truth in Formalized Languages* 中）解释为亚里士多德意义上的符合概念所支持的。但如果一般意义上的语义概念都是符合概念，那么逻辑后承的语义概念也是一种符合概念。这一概念不仅基于语言，而且也在显著的意义上基于世界。塔斯基本人从未暗示过，他将逻辑后承（以及相应的逻辑真概念）视为一种符合概念。但是，在他对哲学讨论的态度上，塔斯基是一个极简主义者。他认为自己是一个哲学家型的逻辑学家，但他更愿意将他的详细讨论限制在技术和数学问题上。然而，我却不是那样的，于是我开始着手探究真及其与逻辑后承之间的关系。

研究真的另一个动力来自于紧缩论日益增长的统治力，尤其是那种紧缩论版本说，真是一个平庸的概念，并且没有实质真理论的空间。紧缩论的流行让我很吃惊。如果一个哲学家能做的就是发展平庸的、非实质性的理论，那么为什么会有人对成为哲学家感兴趣呢？而紧缩论只适用于某些哲学理论，尤其是真理论，这一想法对我来说不可理喻。我对真之紧缩论——正如保罗·霍维奇（Paul Horwich）在 1990 年的《真》（*Truth*）一书中所提出的那种——的日益流行的反应，是试图理解什么导致了当代哲学家们对这一观点的信奉。他们说过他们是如何被导向这个观点的，但我觉得那并不可信，我认为在表面现象背后，可能有一些更深刻的东西，一些关于"真"主题的东西使实质真理论变得非常困难，那解释了为什么哲学家们会对实质真论的可能性感到绝望。所以我决定探究是否存在这样的困难。我的探究引出了一个猜想，是真的宽广度和复杂性导致了这样的困难。而这又进一步促使我寻找应对这一困难的策略。我的方法与当代的多元真理论者的方法有一些相似之处，比如克里斯平·赖特（Crispin Wright）和迈克尔·林奇（Michael Lynch），但在两个重要的问题上与他们的方法不同：①为"老生常谈"赋予真理论中的核心地位的适当性，以及②真的多元性的范围。我开始发展一种全新的、非传统的真之符合论，它摒弃了传统理论的幼稚特征，并允许多种形式（模式、"路线"）的符合。真理论者的任务是探究真（=符合）可能、实际和应该如何起作用，既包括一般意义上的也包括在特定领域中的，并根据这些探究建立一种关于真的实质性说明。我发表了 14 篇关于真的论文，其中包括《论实质真理论的可能性》（*On the Possibility of a Substantive Theory of Truth*，1999）、《寻找实质真理论》（*In Search of a Substantive Theory of Truth*，2004）、《符合的形式：从思想到现实的复杂路线》（*Forms of Correspondence: The Intricate Route from Thought to Reality*，2013）等。

在我两本书之间的时间间隔里，我也继续发展我的逻辑理论。我的目标是为逻辑建立一个完全成熟的哲学基础，那是一个由逻辑在获取知识方面所起的作用来指导的理论基础。这促成了 16 篇关于逻辑的论文的发表，从《塔斯基犯了"塔斯基谬误"吗？》（*Did Tarski Commit 'Tarski's Fallacy'?*，1996）到《逻辑后承的形式结构观》（*The Formal-Structural View of Logical Consequence*，2001）、《塔斯基论题》（*Tarsju's Thesis*，2008）和《逻辑的基础问题》（*The Foundational Problem of Logic*，2013，最近由刘新文译成中文，并在《世界哲学》分三个部分发表）。正是在这后一篇论文中，我开始为奠基或基础发展一种新的方法论——"基础整体论"，这使得对逻辑的实质奠基成为可能。

所有这些都为我的第二本书铺平了道路。2001 年，我在一个研究生讨论班上教授约翰·麦克道尔（John McDowell）的著作《心灵与世界》（*Mind and*

World，1994），这本书使我产生这样的想法，将我的新书集中于讨论认知意义上的"摩擦"（friction）。在 2010 年，我发表了一篇论文《认知摩擦：对知识、真和逻辑的反思》（*Epistemic Frition: Reflections on Knowledge，Truth，and Logic*），它成为了我第二本书的前兆。我在此期间探索的其他主题包括分枝量化、不确定性和本体论的相对性，以及自由意志。

参 考 文 献

［1］ Gila Sher. The Bounds of Logic：A Generalized Viewpoint［M］. Cambridge，MA：MIT Press，1991.

［2］ Gila Sher. A General Definition of Partially-Ordered Generalized Quantification（PGQ）［J］. The Journal of Symbolic Logic，1994，59：712-713.

［3］ Gila Sher. Did Tarski Commit Tarski's Fallacy?［J］. The Journal of Symbolic Logic，1996，61：653-686.

［4］ Gila Sher. Is There a Place for Philosophy in Quine's Theory？ ［J］. The Journal of Philosophy，1999，96：491-524.

［5］ Gila Sher，Richard Tieszen. Between Logic and Intuition：Essays in Honor of Charles Parsons［M］. Cambridge：Cambridge University Press，2000.

［6］ Gila Sher. The Formal-Structural View of Logical Consequence［J］. The Philosophical Review，2001，110：241-261.

［7］ Gila Sher. In Search of a Substantive Theory of Truth［J］. The Journal of Philosophy，2004，101：5-36.

［8］ Gila Sher. Tarski's Thesis［M］//D. Patterson（ed.）. New Essays on Tarski and Philosophy. pp. 300-339. Oxford：Oxford University Press，2008.

［9］ Gila Sher. Epistemic Friction：Reflections on Knowledge，Truth，and Logic［J］. Erkenntnis，2010，72：151-176.

［10］ Gila Sher. Forms of Correspondence：The Intricate Route from Thought to Reality［M］//N. J. L. L. Pedersen，C. D. Wright（eds.）. Truth & Pluralism：Current Debates. pp. 157-179. Oxford：Oxford University Press，2013.

［11］ Gila Sher. The Foundational Problem of Logic ［J］. Bulletin of Symbolic Logic，2013，19：145-198.

［12］ Gila Sher. Epistemic Friction：An Essay on Knowledge，Truth，and Logic ［M］. Oxford：Oxford University Press，2016.

有关基础整体论的若干问题
——陈波与吉拉·谢尔的对话*

陈波[1]，[美]吉拉·谢尔[2]

（1.北京大学哲学系，北京；2.美国加利福尼亚大学圣地亚哥分校哲学系，加利福尼亚圣地亚哥）

摘要：本文讨论了与基础整体论有关的若干问题。吉拉·谢尔创立的基础整体论既是一种新的认知方法论，又是对知识的整体说明。基础整体论既允许建设性循环，又强调知识在世界中的奠基，从而克服了传统基础论和融贯论方案的不足，建立了一种高度结构化和动态化的后蒯因的知识模型。在这种知识模型中，谢尔特别强调理智、构想在人类知识中所起到的基础性作用。另外，她还比较了基础整体论与基础融贯论的差异，讨论了基础整体论对蒯因哲学的继承和发展，并评价了蒯因对 20 世纪分析哲学所进行的两场哲学革命。

关键词：基础整体论；建设性循环；基础融贯论；后蒯因的知识模型；理智与构想；蒯因的哲学革命

陈波（以下简称为陈）：现在，我们来谈谈你的第二本书《认知摩擦：关于知识、真和逻辑》（2016）。我很喜欢这本书，对它评价很高。我欣赏你的理智和勇气。今天，在哲学中变得流行的是，不喜欢大问题，拒绝基础性方案，拒绝真之符合论，把逻辑视为与现实不相干的、分析的、一成不变的。你勇敢

* 陈波于 2017 年 8 月 10 日至 2017 年 8 月 25 日受北京大学研究生院"文科博导短期出国项目"资助，赴美国加利福尼亚大学圣地亚哥分校访问吉拉·谢尔教授，两人共同完成了 4 万多字的长篇访谈《基础整体论、实质真理论和一种新的逻辑哲学——陈波与吉拉·谢尔教授的对话》。因访谈录太长，拆成四篇文章分别发表，本文为访谈录的第二部分，由四川大学公共管理学院副教授徐召清翻译，曾刊登于《河北学刊》2019年第 39 卷第 1 期。

陈波（1957～），男，湖南常德人，北京大学哲学系暨外国哲学研究所教授、博士生导师，主要从事逻辑学和分析哲学研究。

吉拉·谢尔（Gila Sher）（1948～），女，以色列海法人，美国加利福尼亚大学圣地亚哥分校哲学系教授，主要从事认识论、形而上学和逻辑哲学研究。

地站起来，大声地说：不对，我有另一个故事要讲。在我看来，你的新书发展了三个系统的理论：基础整体论，实质真理论，以及一种新的逻辑哲学。这正是我选择以此作为这篇访谈录标题的原因。我想与你仔细地讨论这三个理论。首先，你能概括一下你的基础整体论吗？你的动机？重要主张？基本原则？还有什么开放问题有待回答？还有哪些工作有待完成？

吉拉·谢尔（以下简称为谢）：谢谢。《认知摩擦：关于知识、真和逻辑》实际上是试图建立对知识、真和逻辑的整体说明。把这些话题联系在一起的一般原则是认知摩擦（epistemic friction）和认知自由（epistemic freedom）的原则。其基本思想是，知识需要自由和摩擦（约束）。摩擦的两个核心原则是：①知识，作为知识，是对世界（或世界的某些方面）的知识，因此，所有的知识，包括逻辑和数学知识，都必须在真实性上受到世界的约束，也就是对于世界来说是真的；②要在理论上是有价值的，我们的知识体系，以及其中的每一门学科和理论，都必须是实质性的（解释性的、有信息的、严谨的、有趣的、深刻的、重要的）。但是对于知识而言，仅有摩擦还是不够的。知识也需要认知自由，积极参与设定我们的认知目标的自由，决定如何去追求它们的自由，以及真正地追求它们的自由：设计研究程序，进行实验，进行计算，构想如何解决问题，等等。摩擦和自由不是分离的。认知规范，尤其是在自由和摩擦的交汇处，它们是自由产生的，是由我们自己强加给我们的；然而，它们是约束的工具。真、证据、解释和证成的规范对于知识来说尤其重要。

一、关于基础整体论的一般说明

谢：关于认知摩擦的第一个话题，正如你所提到的，是基础整体论。这是提议一种新的认知方法论，它既是我对知识的说明，也是我在书中追求知识、真和逻辑的基础时所使用的方法。发展一种新的认知方法论的动机部分是由于传统的方法论、基础论和融贯论的失败。这自然会导致寻找一种替代性方法，一种既普遍（即既适用于经验学科也适用于高度抽象的学科）又专注于现实知识的稳定而坚实的基础。融贯论方法未能满足我的第一个摩擦要求：对世界上的所有知识提供稳定的基础。即使当它把知识看作关于世界的知识时，融贯论的焦点仍然是我们的理论之间达成一致，而不是我们的理论与其目标，即世界（或世界的某些方面）达成一致。基础论确实坚持将知识奠基于世界，但它坚持认为这种奠基是严格有序的。奠基关系必须是一个有最小元的严格偏序（非自反、反对称且传递）。这一要求是其垮台的主要原因之一。它导致或反映了三个核心原则：①我们的知识体系的基础被简化为基本单元的基础。②对 X 奠基，我们只能使用比 X 所生成的东西更基本的资源。③任何知识单元（或此类单元的组合）都不能生成比基本单元所生成的那些东西更基本的资源。由此推出，没有任何知识单元，或这类单元的组合，能够生成为基本单元奠基的资源。我称之为"基础-知识困境"。基础论在为我们的知识体系奠基方面是否成功取决于它在为基本单元奠基方面是否成功；但由于它要求奠基关系是严格偏序，它就没有任何资源来为那些单元奠基。而少数几次试图克服这一问题的尝试（例如，允许基本单元是自我奠基的）遇到了严重的困难。

基础主义方法论的失败，导致许多哲学家完全放弃了这个基础性方案。基础整体论的一个主要观点是，这种反应是不合理的。这种反应基于对基础性方案和基础主义的混同，但两者是不一样的。基础性方案是一个一般的哲学方案，旨在对人类关于世界的真正理论知识的能力给出一种解释性的说明和证成。但是，基础主义的方法只是实施基础性方案的方法之一。我们需要的是不同的方法，一种"没有基础论的基础"方法（借用斯图尔特·夏皮罗讨论二阶逻辑的一本书的书名）。基础整体论就是这样一种方法。它说的是，我们可以通过使用整体论的而不是基础论的工具来实现基础目标，其中的整体论并不等同于（也不蕴含）融贯论，而是独立的。基础整体论用整体论的工具为稳健的基础性方案服务，这受到摩擦和自由的启示。

把基础整体论与另一种类型的整体论区分开来也很重要：完全整体论或单一整体论，即我们的知识体系是一个巨大的原子，缺乏内在的结构，我们只有将其当成一个整体才能理解它。相比之下，基础整体论是一种结构性的整体论，它强调了我们的知识体系的内在结构，以及它与世界的结构联系。基础整体论的基本原则是：

（1）在追求知识基础（奠基）的过程中，我们可以，而且确实应该充分利用我们的认知资源、主动性和创造性，只要在当时卓有成效，什么顺序都行。

（2）存在多种从心灵（包括理论）到世界的发现与辩护的认知途径，有些是严格有序的，有些则不是。基础/奠基方案允许对此多种途径的使用。

（3）奠基过程是一个动态的过程，以纽拉特船这种整体论隐喻为模型。为了将一个给定的理论奠基于世界，我们使用当时可用的任何工具，然后使用我们获得的基础，以及其他资源，来构建更好的工具。我们使用这些工具来改进既有理论的基础（或发现其中的缺陷，修正或替换它），将其扩展为新理论的基础，等等。

（4）在为一个给定的理论奠基时，我们可以使用其他理论生成的资源。然而，重要的不是与这些理论相融贯，而是利用它们在企及世界方面的（部分）成功来为给定的理论奠基。

（5）在为一个理论奠基时，既不可能也不需要一个阿基米德点。

（6）虽然一定程度的循环/倒退是不可避免的，但它不一定会破坏奠基。我们有责任避免恶性循环，但非恶性的循环是可接受的。事实上，有些形式的循环是建设性的，这都为奠基方案做出了积极的贡献（在回答你的下一个问题时，我会更多地谈论这一点）。

尽管基础整体论比其他方法更灵活，但它的要求也更高。通过允许将知识奠基于世界时有更大的灵活性，它使我们能够将奠基于世界的需求扩展到包括逻辑在内的所有知识领域，而这是更为严格的方法所不能做到的。奠基的方法越严格，就越有局限性，在某种程度上会迫使我们将奠基于实在的要求局限到某些学科，而把其他学科（如逻辑）排除在外。

关于这些原则，有很多要说的，但我暂且不谈。在这本书中，我使用了基础整体论方法来构建知识模型，发展真理论，为逻辑学提供一个详细的基础，并为数学和逻辑学建立共同的基础。然而，这并没有穷尽基础整体论方法的用处，在探索它在哲学各分支以及其他知识领域的使用方面，还有很多工作要做。在做这项工作的过程中，很可能会出现一些开放问题，也有机会更详细地阐述、仔细检查和进一步改进这种方法。

二、循环、倒退与哲学论证

陈：在很长一段时间里，循环和无限倒退在所有学科中都有着非常坏的名声。通过诉诸你的基础整体论和"纽拉特船"的比喻，你认为循环性并不是那么糟糕，有时甚至是不可避免的。你区分了破坏性循环和建设性循环。你能多解释一下建设性循环在哲学论证中的作用吗？

谢：我怀疑，循环和无限倒退之所以在传统哲学中被认为是致命缺陷，这与它在证成和论证中的基础论观念有关。根据这种观念，所有类型的循环和倒退都是被禁止的。但随着 20 世纪对基础论的拒绝，情况发生了变化。尤其是，随着整体论的出现，促成了某种形式的循环和无限倒退的合法化。但许多整体论者都是融贯论者，因此也不强调奠基于实在的要求。相比之下，基础整体论则拒绝融贯论。它的意图是将知识真正奠基于世界，就像基础论一样。从基础整体论的角度来看，我们可以区分四种类型的循环：①破坏性循环；②平庸的循环；③中立的循环；④建设性循环。破坏性循环在我们的理论中引入了错误。这种循环的例子包括导致悖论的自我指称，就像在说谎者悖论中一样（一句话说自己本身不是真的）。平庸的循环所包括的循环是有效的，但仍然是平庸的（例如，"P；所以，P"）。一个基于这种循环的论证是毫无价值的。中立的循环是指，比如，用英语写一本关于英语语法的书时所包含的循环。不管是用英语还是用汉语来写，这本书的适当性都没有区别。最后，还有建设性循环，这是最有趣的循环的例子。主要是"纽拉特船"中的想法：我们利用已经拥有的东西来创造新的发现，或者创造新的工具，然后用这些工具来制造新的发现和更新的工具，等等。在"纽拉特船"的比喻中，水手临时用他在船上的资源修补船上的一个洞。然后，他站在补好的洞上，发现了新的资源，不仅是在船上发现的资源，还有他在海洋和周围环境中找到的资源，从而创造出更好的工具，使他能够以更好、更持久的方式修补这个洞。关键在于，我们不只是重复我们以前做过的事情，还用我们在前几轮获得的新资源来做一些新的事情。两个建设性循环的例子是康托尔的对角线方法和哥德尔使用算术语法来定义算术语法。建设性循环在《认知摩擦：关于知识、真和逻辑》中不断被应用。例如，逻辑被用于构建逻辑的基础，但它是批判性的使用，而且带有附加的元素：哲学的反思，新的发现，以及从其他学科借鉴而来的知识，等等。这为我们提供了一些工具，可以用于批判性地评价我们最初的逻辑。例如，如果形式结构的理论证明了现实的基本结构不是二值的，这可能会导致我们用非二值逻辑代替最初的二值逻辑。这种建设性循环的动力学在我对逻辑和数学之突现的（概要）说明中得到了清晰的展示：从一种非常基本的逻辑—数学（例如，布尔结构的理论）开始，我们构建一种非常简单的逻辑；使用这种逻辑作为框架（以及其他资源），我们构建一种简单的数学（例如，素朴集合论）；使用这种素朴集合论（以及其他资源），我们构建一种更复杂的逻辑（例如，标准的一阶数理逻辑）；使用这种逻辑（以及其他资源），我们构建一种更高级的数学（例如，公理集合论）；使用这个（以及其他资源），我们可以构造一种更强大的逻辑（例如，带广义量词的一阶逻辑）；等等。

三、基础整体论与基础融贯论的比较

陈：2002～2003 年，我在迈阿密大学跟苏珊·哈克做了一年访问学者。哈克在《证据与探究》（1993）一书中发展了她的基础融贯论。她认为，基础主义和融贯论——传统上相互对立的信念证成理论——并没有穷尽可选项，而一种中间理论，即基础融贯论，比两者都更有说服力。基础融贯论有两个重要的主张：①一个主体的经验与他的经验信念的证成有关，但是不需要那样一类享有特权的经验信念，它们只能由经验支持，而且独立于任何其他的信念；②证成并不完全是单向的，而是涉及信念之间普遍存在的相互支持关系。她诉诸填字游戏的类比，以表明我们必须在证成的过程中不断地往返。她还试图证明，基础融贯论的标准是显示真。你能将你的基础整体论与哈克的基础融贯论作一番比较吗？

谢：哈克的基础融贯论在正确的方向上走出了重要的一步。基础整体论与基础融贯论有一些共同的主题，但也有不同的地方。在共同的主题中有两个你提到的特征：①经验与经验证成相关，但证成涉及与其他理论的联系，以及来自其他理论的支持；②证成不是一种线性的关系，而是一种可以采取多种形式的关系，包括涉及来回往返的形式，理论之间的双向连接，还有一个重要的因素"构想"（figuring out），包括构想填字游戏中所涉及的类型。但是，在基础整体论和基础融贯论之间也存在显著的差异。其中的两个问题涉及方法论的范围，以及融贯的重要性。

（1）范围。基础融贯论的方法论局限于经验知识；它并不适用于逻辑知识。基础整体论有一个更广泛的范围。它适用于所有的知识分支，从最普通的和实验性的，到最抽象的和理论性的，包括逻辑。此外，它对不同学科的处理是高度统一的。它将同样的普遍原则应用于所有学科，从实验物理学到数学和逻辑。同时，它也解释了它们之间的差异。它找出丰富多样的认知资源，以适应和解释不同学科之间的差异。我马上就会回到这个话题。

（2）对融贯性的态度。尽管基础整体论包含了一些具有基础融贯论特征的要素——非线性的证成，理论之间的相互联系，否认阿基米德点的必要性和可能性，对循环和无限倒退的宽容态度——但它否认融贯在证成中具有基础融贯论所赋予的核心地位。融贯可以看成真实性证成的标记，这是古老的观点，例如，在康德的《纯粹理性批判》中就有。但这并不能使康德成为一个融贯论者[正如我在最近的论文《来自康德的有关真的教训》（2017）中所解释的那样]。在康德的证成理论中，融贯作为一个"标记"并没有起到核心作用。把一致性放在证成中心的问题在于，错误的理论可以像正确的理论一样融贯。也就是说，融贯与真实性不相关。显然，"基础融贯论"比"融贯论"和"基础论"都要优越，但融贯的作用仍然过于核心。通过从第三个独立的角度来处理这个问题，融贯的作用就可以得到适当的限制。基础整体论所提供的正是这样一个独立的视角。它肯定了，从原则上说，存在着从心灵到世界的多种相互联系的认知途径，那既是发现的途径，也是证成的途径。但是，根据基础整体论，关键的问题在于，这些路线是否会导向我们的理论在世界上的目标（worldly target），而不在于它们是否相互融贯。

此外，与基础融贯论一样，虽然基础整体论允许将感官知觉之外的其他认知资源——尤其是理智——当作知识的核心，并且尽管其理智活动的典范是"构想"，这种活动包括哈克所说的解决字谜的那种解决，但"构想"的概念远比填字游戏广泛，而且更加重视与世界的连接（例如，它对哥德尔发现和证明算术不完全性的解释，与解决填字游戏不同）。

然而，我想重申的是，哈克在一个可用的哲学方法论的发展中迈出了极其重要的一步。事实上，我的方法论不是通过哈克，而是通过我在 20 世纪 80 年代和 90 年代早期对逻辑基础和蒯因式认识论的研究获得的。这使我的观点与哈克的观点有一些重要的相似之处，也有重要的分歧。

四、后蒯因的动态知识模型

陈： 通过采用你的基础整体论的方法论，你可以描绘一种知识的动态和结构模型。有时你把它称为一种后蒯因式的知识模型。你能讲一讲这个模型的要点和它在认识论上的意义吗？

谢： 我建立了一种方法论，它能平衡认知摩擦和自由的原则，同时避免了基础论和融贯论的陷阱，然后我开始用这种方法构建一个知识模型。在这个模型中，所有的学科都将服从于高的真标准——客观性和真实的证成，以及高的概念化标准——统一且具有实质性。这种模型与现有的模型不同，它对所有的学科都设置了相同的真、解释、真实的证成和奠基于实在的高标准，包括逻辑和数学等高度抽象的学科。该模型的一个显著特征是，拒斥事实和非事实的传统知识分类，而后者——分析性和/或先验性——仅仅奠基于语言、概念或更普遍的心灵。

一个自然的起点是蒯因在《经验论的两个教条》（1951）一文中的知识模型。这种模型及其整体论结构，以及对传统知识分类——事实的和约定的——的排斥，是非常有前途的。但蒯因的模型同样有问题。特别是，达米特在 1973 年首先指出，在蒯因拒绝事实知识和非事实（约定的、语言的、概念性的）知识的传统分类与他的中心-外围模型之间存在冲突，因为后者又回到二分法了。中心和外围的界限确实是平缓而非尖锐的。但是，事实和非事实之间有明显的差异是一回事，而两者之间有深刻的差异则是另一回事。在蒯因的模型中，逻辑从来都不存在于外围，这在逻辑和经验科学的事实性程度之间产生了巨大的差距。在某种程度上，外围代表了我们的知识体系与实在之间的接口，而逻辑是没有这种接口的。为了应对外围的经验科学所面临的困难，逻辑可能会被间接地改变，但这些变化是基于实用的或工具性的考虑，而不是与逻辑本身有关的事实或真实的考虑。在蒯因的模型中，说逻辑对世界为真或为假，都是不可能的，逻辑因它本身所说与事情实际上是什么（有关它的主题，逻辑真和后承）之间的冲突而发生改变是不可能的。我认为，这是蒯因激进的经验论的结果。作为一个激进的经验论者，蒯因只承认理论和世界之间的经验界面；因此，在他的模型中，逻辑与世界的联系不可能像物理学那样深。在蒯因的经验论图景中，世界上没有任何东西可以作为逻辑的接口（使逻辑关于它为真或实质地奠基于它）。总之，根据激进的经验论，人类不可能有进入世界的抽象特征的任何认知通道。

我对蒯因认识论的内在冲突的解决方案是让中心-外围模型彻底地动态化。中心和外围是角色描述，而不是位置描述。它们的职责之一就是代表所有知识领域（分别通过外围和中心）与世界和心灵相连的接口。每一门学科都处于外围，只要考虑它的真及其在世界上的奠基；而每一个学科也都处于中心，只要考虑它的概念自由及其在心灵中的奠基。因此，学科在中心和外围之间随两个维度自由流动：环境和时间。事实性的发展发生在外围；概念性的发展发生在中心。这就产生了一种灵活且动态的知识模型，并且仍然要求很高：每一门学科都需要满足严格的验证性需求，以及概念和实用的需求。每一门学科都需要在世界和心灵中有坚实的基础。我们的知识体系通过一个丰富的、整体论的认知路线网络来通达世界，既包括感性的也包括理智的，既有直接的也有迂回的，既包括经验的也包括世界的抽象特征。在所有的知识分支和知识阶段中，积极的自由都扮演一个重要的角色，等等。

陈：我也对你提到的语言的两副面孔感兴趣，那就是，语义上升和对象下降。你能进一步阐明它们以及它们在哲学中的应用吗？

谢：这是该模型的动态结构的一个方面。基本的想法可以追溯到中世纪哲学，但我是通过塔斯基和蒯因而达到它的。有很多方法可以讨论一个给定的主题，其中两个分别是对象的和语言的。第一种方式很直接：说雪是白的，我们将白这个性质归赋给雪这个对象（物质）。第二种方式则不那么直接：我们不说雪这个对象具有白这个性质（"雪是白的"），而是说"雪是白的"这个句子

具有真这个语义性质（"雪是白的"是真的）。蒯因将这种从"对象模式"到
"语言模式"的转变称为"语义上升"。而我把相反的方向叫作"对象下降"。
使我们能够从一种模式转换到另一种模式的是，一个句子的真与它的对象具
有它归赋的性质之间的系统联系。这种相关性反映在塔斯基的 T-模式中）（一
个例子是"'雪是白的'是真的当且仅当雪是白的"）。你可能会问：是什么决
定了我们使用哪一种说话方式？我的回答是：语境、兴趣等。同样的内容在
不同的语境中可以用不同的方式来表达。这是我们知识体系的动态结构的一
个方面。

五、理智和构想

陈：当谈到知识的动态模型时，你用了两个特别的词，"理智"（intellect）
和"构想"（figuring out），但你没有清楚地说出它们的意思，以及它们与"先
验论"和"经验论"的关系。你能进一步澄清这些概念吗？对了，你指责蒯因
忽视了理智或理性在理论建构中的作用，但我认为这是不公平的。蒯因坚持的
论题是，理论是由经验不充分决定的："……我们可以去研究世界和作为其一
部分的人，从而发现人对周围的一切可能获有哪些认识线索。把这些线索从他
的世界观中减去，我们得到的差额就是人的净贡献。这个差额标示着人的概念
的独立自主性的范围，即人们可在其中修正理论而同时保存经验材料的那个范
围。"（W. V. Quine, Word and Object, MIT Press, 1960, P5）人的概念的独
立自主性就是人类的理智或理性、想象力、创造力等发挥重要作用的地方！因
此，蒯因确实给了一个足够大的空间，让人类的理智或理性发挥其作用。你对
此有什么看法？

谢：在我看来，理智或理性在知识中所扮演的角色问题是一个重要的问题，
它在分析哲学中被边缘化了，其很大程度上局限于少数传统的问题，诸如先验
性、实用主义约定，以及理性或数学直观。我认为，是时候超越传统的范式，
重新思考理智在知识中的作用了。在《认知摩擦：关于知识、真和逻辑》中，
我在这个方向上前进了几步。其中一步是考虑理智知识的新范式，远比早期的
范式广泛得多。我把这种范式称为"构想"。

说"理智"，我是指人类认知能力的总和在除感官知觉以外的知识中扮演
着重要的角色。我相信，这个角色远没有被概念分析、实用主义约定和/或数
学（或理性）直观所穷尽，这些都是在现存的文献中通常与理智相关联的角色。
理智的作用也不局限于数学、哲学和逻辑（或更普遍的推论）知识。我特别强

调了理智在所有领域中所扮演的重要角色，无论是理论还是实验。考虑实验科学，感官知觉显然在实验物理学中扮演着重要角色，但这个角色在很大程度上是被动的，而且它本身无法产生实验科学所提供的那种知识。实用主义的考虑、数学直观和推理能力也不够。你如何从被动的知觉中获得关于自然的假设？你如何决定什么特定的活动算作对一个特定假设的实验，在无限可能的活动中，什么活动测试了一个特定的经验假设的正确性？你必须构想出这些事情。但构想不是一种知觉的活动，也不是纯粹的实用主义。这里有一个正确性的问题。概念化本身既不等于构想哪个活动将检验一个给定的假设，对于后者而言它也是不充分的。构想的操作不一定像假想的数学/理性直观一样是快速的（直接的）。构想也不是先验的——与感官知觉相分离。要构想在给定的经验数据下应该做出什么假设以及如何测试这些假设，我们会利用现有的一切，包括我们已经获得的所有知识。我们不会把理智从经验知识或数据中分离出来。从某种程度上说，世界的特征是我们的感官能力无法检测到的，要获得关于这些特征的知识，或者在获得知识的方向上取得进展，用我们的理智来构想是一种可行的方法。

我所说的"构想"是什么意思？在发展一个关于"构想"的理论的初级阶段，我主要在日常意义上使用"构想"这个表达式：配置、计算、根据现有材料进行推断。构想并不神秘。这是我们在生活的各个阶段和领域都做的事情，无论是实际上的还是理论上的。婴儿总是构想或探明事情是怎样的，农民不断地构想如何解决他们农场中出现的问题，如何改善他们的作物，等等。计算机技术人员构想我们的计算机出了什么问题，以及如何修理它们。哥白尼构想了，地球绕着太阳旋转，而不是相反。达尔文构想了进化论的（一些）原则。爱因斯坦用思想实验构想了关于世界的物理结构的许多东西。克里克和沃森构想了DNA 的结构。哥德尔构想了数学是否完全，以及如何证明它不完全。怀尔斯构想了费马大定理是否正确，以及如何结合各种数学理论来证明这一点。康德构想了一种应对休谟的挑战的方法，即通过改变我们的认知格式塔。如此等等。

我们已经看到"构想"独有的一些特征：它与发现而不只是证成有关；尽管它可以与感官知觉相结合，但与感官知觉不同；尽管它可以从实用的角度来考虑，但主要不是实用的。它不像理性直观那样受到限制：它并不一定是直接的，快速的，与知觉类似的，或先验的。它有一个非常广阔的范围。

但这仅仅是开始。要在知识中建立一个关于理智角色的系统理论，还有很多事情要做。这包括进一步的发展，包括批判性地考察构想这项活动。这是我希望在不久的将来能做的事情，我尤其希望其他研究者——哲学家、心理学家、认知科学家——能够参与到这些探究中来。

现在，来到你问题的第二部分。你说得很好。在《语词和对象》中，蒯因确实承认来自世界的感官线索并不足以确定关于世界的理论：其余的都是由"人的净贡献"。此外，在《自然化的认识论》（1969）一文中，他谈到了我们"贫乏"的感官"输入"和"汹涌"的理论"输出"之间的鸿沟，这意味着知识中所涉及的不仅仅是感官知觉。但蒯因几乎没有提过"人的净贡献"是什么，即感官输入和理论输出之间的鸿沟是如何填平的。他有一个知识成分的占位符，其超越了感官知觉，但那个占位符仍然是空的：是一个黑匣子。特别是，蒯因从未考虑过这种可能性：我们的净贡献包括某些超出对感官数据的实用-概念组织的东西。即使是在你引用的《语词和对象》的段落中，蒯因也不得不说"人的净贡献"是"概念性的"。在一些地方，例如，在《在经验上等价的世界体系》（1975）一文中，他将所有超越观察的事物描述为"外来物""捏造物，或填料，它们唯一的作用就是完成对观察陈述的表达"。这个问题的核心在于，蒯因从未考虑过这种可能性：我们的理智，而不仅仅是我们的感觉器官，也是被世界校准的。因此，对于我们理解理智在知识中尤其是在发现中的作用来说，蒯因的贡献是非常贫乏的。

六、基础整体论和蒯因的整体论的比较

陈：你能系统地解释你的基础整体论和动态的知识模型与蒯因的整体论知识概念之间的相似和差异吗？在他早期的著作中，蒯因提出的整体相当激进："具有经验意义的单位是整个科学"。后来他的整体论有所缓和："科学既不是不连续的，也不是单一的。它有各种各样的关节，这些关节的松散程度各不相同。……说那个单元在原则上是整个科学，这几乎没有什么收获，无论这种主张在律则上是多么可辩护的"。因此，对于蒯因而言，我们的知识体系是一个具有不同层次和内部结构的整体。

谢：在《经验论的两个教条》一文中，蒯因提出了两种截然不同的整体论（我之前提到过）。第一种类型我称之为"单一整体论"（达米特称之为"全部整体论"）；第二种类型，我称之为"关系的""结构化的"或"网络"整体论。单一整体论是你在问题中所谈论的那种整体论。其想法是，最小的知识单位是我们的整个知识体系，这意味着我们的知识体系被视为一个巨大的原

子，没有内部结构。相比之下，关系整体论把我们的知识体系看作一个由不同的单元组成的开放式网络，错综复杂地相互联系着。单一整体论遭到许多哲学家的批评，包括格伦鲍姆（1960 年，1971 年），达米特（1973 年），以及格莱莫尔（1980 年），他们的理由各不相同。在回应格伦鲍姆的批评时，蒯因在他的后期作品中明显地限定了他的单一整体论，正如你所指出的那样。

　　我自己拒绝蒯因的单一整体论的根据在于，内在结构对于知识的获取和理解都是至关重要的（这是达米特拒绝蒯因式整体论的主要根据）。但我确实接受了蒯因的关系整体论的概念，它强调了学科之间丰富的联系网络。这是我的整体论和蒯因的整体论之间的核心相似点。这个相似点扩展到拒斥基础论，拒斥阿基米德点的可能性和必要性，认识到并不是所有情况下的循环和无限倒退都应被拒绝，等等。但是，在关系整体论的共同框架下，我的整体论和蒯因的整体论之间有一些显著的差异：①对于蒯因和大多数关系整体论者来说，整体论被理论和学科之间，也就是我们的知识系统之间的相互联系所穷尽。对于我来说，它没有。还有一个补充的相互联系维度：在我们的理论与世界之间存在着一个丰富而又高度错综复杂的联系网络。从心灵（理论）到世界，有多种认知路线，这些都是相互联系的，表现出高度复杂的模式，并利用各种各样的理论资源。②我的整体论比蒯因的更加动态化。既然这是你的下一个问题，我将在我对那个问题的回答中讨论。其他的差异则涉及理智在整体论的知识体系中所扮演的角色，等等。我还应该提到迈克尔·弗里德曼（2001年）对蒯因式整体论的批评。弗里德曼将另一个特点归赋给蒯因式的（关系）整体论，即以同样的方式对待所有的知识单位（任何两个理论相互连接的方式和程度都与其他任何两个理论相同），所以其在认识上无法对一个知识单位与另一个知识单位的角色和行为做出区分。如果这一点对于蒯因式的整体论来说是真的，那么基础整体论在这方面也与蒯因式的整体论不同。基础整体论并不仅仅是一种关系整体论，而是高度结构化的整体论，不同的知识单位不仅在我们的知识体系中的角色不同，而且它们的行为以及与其他单位的相互关系也不一样。

　　陈：我认为你的知识的动态模型是正确的，但你对蒯因的模型的评论不是太公平，理由也不够充分："中心的元素是用实用的标准来操纵的，外围的元素使用了证据标准。位于外围的元素与实在之间存在着特权关系，而位于中心的元素则被排除在外"。蒯因明确地断言，经验内容是由我们的知识体系中的所有元素所共享的，无论它们是位于中心还是外围；对于陈述的经验内容，没有"全有或全无"的区别，只有程度上的不同：或多或少、或近或远、或直接或间接。在我们的知识体系中，任何陈述，包括逻辑，作为对"顽强不屈的经验"的回应都是可以修正的；任何陈述，包括一项观察报告，都可以基于方法论的考虑而得以保存。由于中心和外围是可以互换的，我不认为蒯因相信在中心和外围之间有一个固定的、僵硬的、尖锐的分界。正如你所指出的，蒯因不喜欢哲学上的任何二分法，而坚持某种渐进论。你对我的评论怎么看？

谢：我同意你的观点，与早期的经验模型相比，蒯因的模型更加动态化。中心的元素可能会受到外围的顽强不屈的经验的影响，而外围的元素也可能基于方法论的考虑而得以保存。中心和外围的区别是一个程度的问题。但我不认为这显著地影响了在蒯因的模型中位于中心的学科和位于外围的学科之间的深刻差异。位于中心（或那附近）的学科，比如逻辑和数学，与观察/实验学科相比，离外围更远，而且它们与现实的联系也比实验学科弱得多。逻辑的原则不是经验性的，因此它们自身也不能与经验相冲突。与经验的冲突基本上只涉及逻辑的经验单位。经验的知识单元可以被修正，因为它们自己的内容和经验之间有冲突。但是，逻辑单元只能根据经验之间的冲突（或者纯粹基于实际的考虑）来修正。现在，我的观点是，这些差异是非常重要的。最重要的是，在蒯因的模型中心及其附近的学科，比在外围及其附近的学科所受到的真实性标准的限制明显要弱得多。你说的是对的，中心和外围之间的界限不是尖锐的，但巨大的差异并不需要尖锐的界限（例如，在孩子和成人之间没有明显的界限，但除了边界地带，两者之间有很大的区别）。最后，蒯因的模型只是谨慎的动态，这一事实反映在下述事实中，在他的模型中逻辑和数学永远不会处于外围（不能到达外围），而实验科学永远不会在中心。在我的模型中，两者都不成立。外围并不局限于感官经验，而是扩展到我们的知识体系和世界之间的非感官界面。因此，逻辑可以被外围的规范所约束，就像实验物理学一样。所有的学科都在中心和外围之间移动，每个学科都需要与现实（通过外围）和心灵（通过中心）建立强有力的联系。在蒯因的模型中，数学只是通过与物理的联系（不可或缺性的考虑）而奠基于实在，但在我的模型中，它也是独立于这些连接而奠基于实在。使这一点成为可能的事实在于，我对实在以及人类与实在的认知界面的认识要比蒯因宽泛得多。实在（世界）具有抽象和具体的特征，而人类与实在的认知界面不仅包括感觉器官，还包括理智（构想）。与我的模型相比，蒯因的知识模型还是相当静态的，尽管与更传统的模型相比不是。

七、对蒯因哲学的评价

陈：我仍然是蒯因哲学的粉丝：它对我的哲学观有很大的影响。你能对蒯因哲学作一个大体的描述和评价吗？它最有价值的贡献是什么？它的明显缺点是什么？现在，我们如何评价蒯因哲学在 20 世纪哲学中的地位？

谢：我也受到了蒯因的很大影响，并且仍然是他的粉丝。但我是一个挑剔的粉丝。我不能对蒯因哲学及其在 20 世纪的地位进行决定性的描述或评价，但我会告诉你从我的角度是如何看的。

我认为，蒯因是 20 世纪下半叶最重要、最有影响力、最具革命性的分析哲学家之一。他至少两次革新了分析哲学。他的第一次革命集中在《经验论的两个教条》（1951）及其相关论文，在我看来，它的两个最重要的贡献是：①拒绝传统的哲学二分法，尤其是分析-综合的二分法和相关的约定-事实的二分法。②拒斥认知基础论并代之以（关系）整体论的方法论。蒯因的第二次革命是自然主义，或者是哲学的自然化。它最简洁的表达是在《自然化的认识论》一文中提出的，直到他于 2000 年去世，它都一直是蒯因哲学的主旋律。在我看来，蒯因的第一次革命比他的第二次革命更有价值。但他的第一次革命经常被误解。鉴于蒯因只投入了很少的篇幅来陈述和讨论这场革命的中心议题，那就不足为怪了。他将《经验论的两个教条》的大部分篇幅用于拒斥分析-综合之分，但这与他的革命的价值没有多大关系。蒯因对分析性的反驳主要是围绕不清晰和循环的问题，但他用循环来反驳与他自己的整体论是不兼容的。

在我看来，在蒯因的第一次革命的背景下，分析性最重要的问题是认知的。这并不是说他的真正焦点是，或者（按普特南的建议）应该是先验性，而是在另一种意义上。尽管分析-综合的二分法是一种语言或语义的二分法，但它具有重要的认知衍生物。具体来说，它导致了陈述、理论和知识领域二分为事实的和非事实的，而这反过来又意味着，在认识论上，一些领域受制于来自世界的挑战，而另一些领域则不然。这就引出了我所认为的对逻辑和数学等领域的一种错误的安全感：在这里我们不必担心真实性，我们不需要采取任何措施来防止事实性错误（在我的书中，我把这种方法比作建立了"马其诺防线"）。

通过拒绝分析-综合的二分法，蒯因开辟了一条通往知识的新途径：所有的知识领域都受制于强大的真实性要求，包括事实性证成的实质性要求。任何知识领域都是不受豁免的。我相信，这是一场真正意义上的革命，革新了哲学家对非经验知识的态度，尤其是对逻辑知识的态度。重要的是要注意，这并不能使逻辑知识变成经验性的。它使其成为事实性的，但不一定是经验性的。我们需要建立逻辑、数学、哲学等本身的真实性，而不仅仅是因为它们在经验科学中的不可缺少性、与经验科学有联系，或在经验科学中有所应用。我想说，蒯因的第一次革命打开了通往哲学的新途径。一方面，我们可能会回到康德和其他人的经典哲学问题；另一方面，我们可以自由地抛开传统的教条，那些教条指导了过去的哲学家解决那些问题的方法。我们可以自由地开发新的工具和方法来回答这些问题。这种开放性还没有得到哲学界的充分认识。但它就在那里，随时可以被发现和利用。

蒯因的第二次革命是他的自然主义革命。这场革命有两副面孔：一面是开明的，另一面是保守的。开明的一面说，在哲学和其他科学（包括经验科学）之间划出一条清晰的界限没有什么好的理由或必要。所有的学科在原则上都是相互联系的，它们之间的教条界限——"哲学第一"的思想，哲学作为知识的特权领域，与其他所有领域相隔离——都应该被推翻或拒绝。蒯因的这一自然主义哲学的观点与他的第一次革命相一致，最好被看成那场革命的继续和进一步加强。但蒯因的自然主义革命也有另一副面孔。这是一张僵硬而狭窄的面孔，其主要的消息是，哲学没有作为独立学科的地位，相反，所有的哲学问题都应该被抛弃或被重新表述为经验科学的问题。蒯因革命的这副面孔有时被总结为"哲学应该被归约为经验心理学，或被经验心理学所取代"。蒯因的第二次革命的这一方面表达了他激进的经验论倾向，这种倾向在他的第一次革命中产生了一种内在的冲突，对此，我的书用了很长的篇幅来讨论。在《自然化的认识论》中，蒯因的第二次革命中这副面孔的教条主义特征表现在他对休谟式经验论的不加质疑的坚持。蒯因将休谟式的经验论看成理所当然的。他从不质疑这种极端的经验论，或为其提供证成。他完全忽略了（康德或其他人）对这种激进的经验论的批判，把休谟的经验论当作亘古不变的。蒯因所考虑的休谟式经验论的唯一替代物是卡尔纳普的实证主义。在发现这种替代物的错误后，他总结道，休谟式的方向是留给哲学家的唯一途径（"休谟的困境就是人类的困境"）。蒯因说心理学和哲学相互包含，这种应酬话并没有改变他将哲学归约为经验心理学（或被后者取代）的呼吁，其结果是一种非常狭隘的、一维的哲学观。蒯因的自然主义的第一副面孔的开放性，被其保守和激进的面孔所掩盖。就蒯因的自然主义革命在20世纪末和21世纪初的分析哲学中对哲学的实际影响来说，我认为，有一种从开放的、开明的自然主义到封闭的、过度的限制自然主义立场的连续谱。

有关实质真理论的若干问题

——陈波与吉拉·谢尔的对话*

陈波[1]，［美］吉拉·谢尔[2]，徐召清[3]（译）

（1.北京大学哲学系，北京；2.加利福尼亚大学圣地亚哥分校哲学系，加利福尼亚圣地亚哥
3.四川大学公共管理学院，成都）

摘要：建立实质真理论的工作包括两个方面：一是在实质方法论的基础上对非实质真理论（包括真之紧缩论、静默论和去引号论）进行批判；二是对实质真理进行正面阐述。实质真理论的基本原则包括：真的内在性、超越性和规范性；"多重"的符合原则以及逻辑性原则。运用实质真理论来说明数学真，不需要假定一种关于数字个体的柏拉图主义；实质真理论的发展不仅扭转了说谎者悖论与真理论的关系，而且也有助于消除说谎者悖论的消解方案面临的特设性指责。另外，谢尔比较了实质真理论与塔斯基真理论和多元真理论等的差异。

关键词：实质真理论；真之紧缩论；"多重"的符合；说谎者悖论；塔斯基真理论；多元真理论

一、实质真理论概述

　　陈：说实在的，当我读到你的实质真理论和对逻辑基础的说明时，我很兴奋，这正是我喜欢和想要的东西。我非常同意你对真的看法：真的概念是非常重要的，绝对不是平庸的。当我们说一句话是真的，我们做了一件重要的事情：把这个句子和世界上的情况进行比较；在这样做的过程中，我们需要证据、证

　　* 陈波于2017年8月10日至2017年8月25日，受北京大学研究生院"文科博导短期出国项目"资助，赴美国加利福尼亚大学圣地亚哥分校访问吉拉·谢尔教授，两人共同完成了4万多字的访谈录：《基础整体论、实质真理论和一种新的逻辑哲学——陈波与吉拉·谢尔教授的对话》。由于访谈录太长，拆成4篇文章分别发表，本文是该访谈录的第三部分，曾刊登于《河南社会科学》2018年第26卷第7期。

成、澄清和许多其他的理智努力。此外，真概念本质上承载着一种形而上学和
认识论上的负担，而这种负担是不能被紧缩掉的。你能总结一下你在发展实质
真理论时所做的事情吗？你的真理论的基本主张是什么？还有什么开放问题
有待回答？还有哪些工作有待完成？

　　谢：截至目前我所做的关于真的工作可以分为两部分：一是用实质论方法
来解释和阐述真，并对紧缩论方法进行批判。二是发展一个新的实质真理论，
并对其基本原则做出澄清：①关于"真"的基本原则；②"多重符合"的原则
（以及在这个原则的基础上的关于数学真的新理论）；③"逻辑性"原则（以及
与这个原则相关的，对塔斯基真理论的新解释）。

（一）关于真的实质论与对紧缩论的批判

　　我关于真理论的实质论方法根植于我的一般知识（包括哲学）方法：对一
个知识领域或这个领域中的一个理论而言，要成为认识上有价值的，它必须在
这个词的日常意义上是实质性的（深刻、重要，具有说明性等），或者至少认
真地瞄准实质性。这是我关于认知摩擦的一般原则的核心部分。现在，我相信
真理论的主题在这个意义上是实质性的，并且发展一个关于这个主题的实质性
理论也是重要的和可能的。这是我关于真的实质论方法的根源。我对紧缩论的
反驳，或者更确切地说，对一些紧缩论版本的反驳——它们认为真理论的主题
基本上是平庸的，并且关于这个主题的适当理论可以也应该是平庸的——是直
接从我关于知识的一般实质论方法推论出来的。保罗·霍维奇在他的《真》
（1990）一书的首页就提出了这种版本的紧缩论，所以我的反驳至少有一个真
实的，而且确实有影响力的目标。

　　在解释我对真的实质论方法及其理论时，我强调了许多事情。其中一个是
真之所以对人类很重要的理由，另一个是真理论所面临的挑战。紧缩论者通常
会说，我们人类之所以需要一个真概念或真谓词，在很大程度上是因为技术上
的和语言/逻辑上的理由：帮助我们提出一些用其他方式更难（尽管通常不是
不可能）提出的主张。例如，我们可能想要断言相对论的主张，但发现很难阐
明它的所有主张，所以我们可以简单地断言："相对论是真的"。或者，我们可
能想要断言排中律，但却发现很难全面地表述它。因此，我们可以断言："排
中律是真的"。在我看来，这最多是我们对真感兴趣的次要原因。我们之所以
对真感兴趣，更重要和更深入的理由在于，它解释了为什么真对人类是非常重
要的，它来自我所说的"我们的基本认识/认知情形"：出于这样或那样的原因，

我们人类想知道和了解我们生活在其中的这个世界的全部复杂性。但这样的知识对我们来说往往是困难的。我们并不会自动地知道世界是什么；事实上，我们有诸多局限，那使我们容易犯错。因此，我们需要创造一种"正确性"的规范，它使我们能够将关于世界的知识与虚构区分开来，并引导我们去尝试获取这些知识。真就是这样一种规范。这是指导我们追求知识的最重要的规范之一（在书中，我解释了为什么它不能被其他的规范代替，例如，证成规范）。但是，真的规范不仅仅是我们所需要的规范，它也是我们可以利用的一种规范。除我们的认知局限之外，我们还有某些能力使我们能够利用真的规范来探测错误、做出发现、证成或反驳我们的假设。寻求关于世界的知识，需要一种正确的规范（这并不能归约为证成），并且能够使用那种规范，这三者合在一起解释了为什么真对于人类来说是如此的重要和根本（超越了那些紧缩论者所认识的任何技术上的使用）。

但在试图发展真理论的过程中，我们遇到了巨大的困难。其中一个困难，来自作为我们知识目标的世界的巨大范围和复杂多样性。因此，真也有巨大的范围，其必须应用于各种各样的情形。这就导致了一个严峻的问题，真领域中的"不统一"：日常物理学中的真是否与数学中的真依赖于完全相同的原则？这个问题被哲学家进一步放大，他们认为真理论是一种单一的、简单的定义或定义模式。一方面存在这种不统一的问题，另一方面哲学家又期待一种简单形式的真理论，也就难怪许多哲学家对一种实质真理论的可行性感到绝望。我自己解决真的不统一问题的方法是采纳一些科学家和科学哲学家用以解决科学的不统一问题的方法。根据这一解决方案，我们需要在科学理论的普遍性和特殊性/多样性之间找到一个富有成效的平衡点。同样地，我们需要在真理论的普遍性和特殊性/多样性之间找到一个富有成效的平衡点。真理论是一组具有各种普遍性程度的理论，其中一些是关于真的普遍原则，另一些则是更为具体的原则。这种方法让我加入了最近的真之多元论者的群体，如克里斯平·赖特和迈克尔·林奇。但是，我的方法与他们的方法有两个方面显著不同：①赖特和林奇将真的普遍原则视为"老生常谈"，因此也就是非实质性的原则。相比之下，我认为这些原则是实质性的原则，需要一个实质性的解释。②赖特和林奇的多元论比我的更激进。他们允许在不同的领域中，真遵循完全不同的原则。比如说，物理学的符合和数学的一致性。但我要求在真理论中有更大的统一性。因为我很快就会解释的原因，对我来说，真总是符合的，但是符合的"模式"可能会随着领域的不同而不同。

（二）实质真理论的正面发展

在寻找关于真的普遍原则和具体原则时，我的一般方法可以用维特根斯坦的三个字来概括："瞧瞧看"。不要预先决定真是什么或必须是什么，而是瞧瞧看。我"瞧瞧看"的第一步是上面所描述的：瞧瞧看基本的人类认识/认知情境如何既提出了对真之规范的需要又有利用这种规范的能力。接下来的步骤将引出几个普遍的真之原则。其中的 3 个原则如下。

1. 真的基本原则

为了达到这个原则，我从一个半康德式的问题开始：在什么样的条件下，一个成熟的真概念对人类来说是可能的；这种观念需要什么样的认知能力或思维模式才能产生。我对这个问题的探究得出了如下的答案：要产生一个（我们，人类，在我们追求知识的背景下需要而且能够使用的那种）真概念，我们需要（至少）三种思维模式。我把这些称为"内在的""超越的"和"规范的"模式。我们必须能够观察世界并将某些性质（关系）归于其中的某些事物。没有这一点，我们就没有机会提出真的问题（也就是这个问题，X 关于世界是真的或正确的吗）。我把这种思维模式称为"内在的"，因为它是一种从理论内部出发的思维模式，思考世界是如此这般的，对象 O 有性质 P 等。但是这种模式本身对真来说还不充分。要得到一个真概念，我们需要跳出我们内在的思想，站定一个立场，从那里我们可以看到我们内在的思想和它们所瞄准的世界的那些方面（例如，我们需要既能看到雪是白的这个思想，也能看到雪以及雪的颜色）。我把这种立场称为"超越"的立场。为了避免误解，我解释说我们所需要的只是一个人类可及的超越立场，而不是一个上帝的立场。这类（人类可及的）超越立场的一个例子就是塔斯基式的元语言立场，它是一种强大的语言，但完全是人类的语言。但是，内在和超越本身对真来说仍然不充分。关于我们的内在思想，真问题是我们可以问的许多问题之一（我们也可以问一些与这些思想有关的其他问题。例如，关于它们在世界中的目标，它们是简单的还是复杂的思想）。真问题是一个规范性的问题：我们内在的思想对世界而言是否正确？它们正确地描述了世界吗？它们是否满足正确性的高标准？因此，为了达到真，我们需要一种"规范的"思维模式。我们的真理概念存在于这三种思维模式的接合点上。真的基本原则说的是，真是内在的、超越的和规范的。难道真不是一种内在思想的性质吗？在我看来，真首先是一种内在思想的规范，其次才是这种思想的一种性质。如果你愿意，你可以说，真是内在思想的规范性质（顺便说一下，许多超越的思想也是内在的。特别是，"X 为真"这种形式的思想是内在的，因此与它们有关的真问题也是内在的）。真的基本原则是一个实质性的原则。它是实质性的，既因为它告诉我们的真是实质性的，也因为它提出了许多实质性的问题——关于真的内在性、超越性和规范性的实质性问题——这些问题需要实质性的答案。真的基本原则的结论也很丰富。例如，它使我们能够处理对真的怀疑论，这是我在书中所做的事情。

2. "多重"符合的原则

如果对内在思想来说，真是一个正确性规范，相对于世界中是什么情况而言的正确性。那么真本质上是一种符合规范，不是文献中常见的那种幼稚、简单且过于严格的意义上的符合，而是更一般意义上的符合。也就是说：真是内在的思想（理论）与它们在世界上的目标之间的一种实质而系统的联系。但真的符合标准（或规范）是一种人类创造的规范，而且也是为了人类而造的，因此它必须考虑与我们的认知能力（局限性）有关的世界复杂性。很有可能的是，我们（在认知上）可以很容易且直接地接触到世界的某些方面，而另一些方面我们只能以间接且相对复杂的方式接触。这将反映在我们为这些方面的理论建立的符合标准之中。在第一种情况下，我们的理论或许以简单直接的方式符合于世界，基于简单的指称和满足的语义原则。在第二种情况下，我们的理论或许只能以迂回的方式符合于世界，基于更复杂的指称和满足原则。重要的是要记住，复杂的符合，就其本身来说，并不会比简单的符合更不稳固。但它展示了一种不同的符合模式（我很快会给一个例子）。在这里，关于多重符合所涉及的这些普遍原则也有许多实质性的问题，需要实质性的回答。

3. 逻辑性原则

鉴于真的基本原则和符合原则是"核心的"原则，是捕捉关于一般意义上的真的某种非常基本的东西的原则，而这是它们普遍性的来源。逻辑性原则是一种不同的原则，它的普遍性也是另外一种。逻辑性原则处理真的局部和非常具体的方面，即一个内在思想的逻辑结构对其真值的影响。逻辑结构仅仅是影响内在思想真值的众多因素之一。因此，逻辑性原则不是真的核心原则。但由于逻辑结构的某些特征，它对内在思想真值的影响并不随领域不同而不同，因此是普遍的。逻辑性原则在塔斯基的真理论中得到了部分阐述，它提供了基于给定句子的逻辑结构（仅在此基础上）的真的递归定义。关于逻辑原子句（没有逻辑常项，因此没有逻辑结构的句子）的真值条件，塔斯基的理论并没有说任何实质性的东西，但它系统地描述了逻辑结构在决定句子真值的过程中所扮演的角色。塔斯基的真理论立即导致了一个关于逻辑后承的理论，这并不奇怪。一个专注于真中的逻辑"因素"的理论将会在逻辑上有重要的用处，这是意料之中的事情。我将简短地解释逻辑性的这个特性，以回答你关于逻辑的问题。

那些展现其多样性（或多元化）的更具体的真原则又怎样呢？在很大程度上，这反映了真的符合原则的"多重性"，也就是说，从一个知识（思想）领域到另一个领域的符合模式的变化。为了说明复杂的符合可能相当于什么，它与简单的符合可能有什么不同，以及对这些符合的识别如何使我们能够克服在"标准"符合中出现的问题，我研究了数学中有关真的著作。这就引出了一个关于数学真（数学符合）的新理论。

在讨论数学中的真时，哲学家通常从数学的语言开始。他们着眼于算术的语言，然后他们使用我们的标准（简单的、直接的）语义来决定要使算术陈述为真，世界上必须有什么。由于算术语言使用个体常项（数字）和变项来指示和论及它的对象，人们就以为数学真的符合就要求算术个体，也就是数，在世界上存在。但是没有证据表明世界上存在数（数字个体），这就导致了数学符合与柏拉图主义的联盟，后者认为存在独立于物理实在的柏拉图实在。这反过来又会导致严重的问题：同一性问题、认知路径问题、算术真对经验科学的可应用性等（其中一些问题是保罗·贝纳塞拉夫在 20 世纪六七十年代写的文章中提出的）。

我对数学真的处理方法是不同的，我不认为语言是本体论的好向导。尽管语言是构建理论的不可或缺的工具，但语言也是一个障碍，正如弗雷格所强调的那样。这也适用于标准的语义学。标准的语义学假定语言只能以一种方式连接到世界：单称或个体词项（常项或变项）只能表示世界上的个体，一级谓项只能表示世界中的一层性质/关系，等等。但是语言是在很久以前创造出来的，那时我们对这个世界的认识与今天大不相同。语言在某种程度上是由一种偶然的方式创造出来的，受各种因素的影响，从我们的生物构成到历史的偶然。它有很多任务，包括并不随世界的正确描述而改变的任务，如沟通等。另外，我们的认识资源（如我之前提到的）允许直接和相对简单地访问世界的某些方面，而要求对其他方面进行间接和相对复杂的访问。因此，指望一个简单的语义学可以为我们提供关于世界各个方面的理论，这是不合理的。基于这个原因，我对数学真的研究的出发点是世界而不是语言。首先，我寻找世界上的形式或数学特征（世界上的对象的形式或数学特征）。其次，我问数学的语言是如何与这些特征联系起来的。数学理论相对于世界的形式特征是真的或假的，如果这些特征是性质而不是个体，那么数学的单称词项表示性质而不是个体，尽管是以间接的方式。

在表明我们有理由假定世界上的对象有形式/数学性质（一层性质，如自我同一；二层性质，如基数、包含、自反性、对称性和传递性，以及运算，如补、并、交等）之后，尽管我们没有证据表明存在数学个体（例如，数），我认为，个体词项间接而系统地指称形式性质而非个体，这是合理的期望。例如，数字指称的是二层的基数性质，而不是数字的个体；而算术陈述是对有限基数，而不是对数（数字的个体）为真或假。这表明，算术和集合论的符合模式是"复合"的，就像我在书中说的那样。这种说明不需要一个与物理实在相平行的柏拉图实在。只有一种实在，对象和性质都具有物理和形式的特性（因此，许多与柏拉图主义有关的问题和其他问题一起都不会出现）。这种说明可以扩展到算术之外，但我不能在这里讲。不过，为了说明一种复杂的符合模式可能是什么样子，我说得已经足够了。

关于我在所有层次上的真理论还有很多工作要做。自从完成了《认知摩擦：关于知识、真和逻辑》之后，我发表了许多关于真问题的文章，做过许多演讲，一些是新的，其他的是对我在书中处理的问题的进一步发展。这些作品包括《关于真的实质论》《从康德吸取的有关真的教训》《真与科学变化》《真与超越性：说谎者悖论的地位转变》《在伦理学中有真吗？》，以及《论真和逻辑的多元论与规范性》。它们构成了我目前正在写的一本关于真的新书的基础，暂时命名为"实质真理论"。

陈：刚才说到柏拉图主义，弗雷格关于思想的理论，或者更普遍地说，"第三域"，当然是柏拉图式的：思想是独立于心灵的、非空间的、非时间的、因果惰性的、永恒的实体。弗雷格想要将逻辑的客观性奠基于思想的客观性。但我在理解他的理论时遇到了很大的麻烦。我曾经写过一篇文章（尚未发表），对其进行系统的批评：没有同一性条件，没有认知通道，语言和思想之间的关系令人困惑，"第三域"中的居民之间的关系混乱等。我想知道你对弗雷格的思想理论或者他关于第三世界的学说的看法。

谢：我不是弗雷格学者，但我对弗雷格进行过相当彻底的研究，他影响了我的想法。我对自然语言的态度和弗雷格一样，那是专业哲学中大量使用的语言。弗雷格说，那种语言给我们带来了严重的障碍，有时会迫使我们用隐喻说话。我认为他的"第三域"的说法，在很大程度上是隐喻性的。根据弗雷格的说法，有一种思想的实在，那是客观的而不是主观的，但它们的实在性在某些重要的方面不同于物理对象。"第三域"是柏拉图式的领域吗？这取决于人们如何理解柏拉图主义。如果我们把它理解为肯定世界上物体的抽象特征的实在性，那么弗雷格的"第三域"是柏拉图式的。但是，如果我们把它理解为对两个截然不同的世界或对象域的承诺，一个是抽象的，另一个是物理的，那么弗雷格的思想以及他的"第三域"，都是非柏拉图式的。

二、对"紧缩论"的批评和对说谎者悖论的处理

陈：我认为你用了一个聪明的论证来击败康德的"紧缩论"的论证：康德本可以用同样的论证来支持在认识论中的"紧缩论"，但他没有，这样做是对的；这一论证并没有削弱实质性的知识理论的可行性，出于同样的原因，它也不会破坏实质真理论的可行性。你能不能给出自己对"静默论"（quietism）、"去引号论"和"紧缩论"的一般反对意见？坦白地说，在大多数时间里，我不明白"紧缩论"说的是什么，以及为什么要那么说。

谢：我已经解释过我反对"紧缩论"的理由，我反对"静默论"和"去引号论"的理由是非常相似的。它们依赖关于认知摩擦的一般原则，尤其是那一部分，它说的是，一般的理论知识应该是实质性的，在日常意义上是丰富的、深刻的、有信息的、解释性的、系统的、严谨的等。为什么所有的知识都是实质性的？在我看来，这是源于人类的一个核心特征：我们渴望对世界的实质（重要）的方面有实质性的认识，包括知识本身、本体论、真、思想、道德、逻辑推理、理性等，这些都是由哲学研究的。"紧缩论""静默论"和"去引号论"在真理论及其主题上都有一个非常狭隘的观点。例如，去引号论者说，从真的去引号句子——比如"'雪是白的'是真的，当且仅当雪是白的"这样的句子——可以推出，真谓词是多余的。但这推不出来。从这句话的真，显然推不出来一般意义上的真概念或规范是平庸或多余的。只有当我们假定，去引号的句子抓住了真的"本质"时，我们才能从这类句子中得出任何实质的结论。但在我看来，去引号的句子与真的本质或它对人类的意义几乎没有任何关系。就我所知，还没有人确立，真的本质是被这样的句子所俘获的。也没有人证明，我们总是可以在去引号的基础上消除"真的"或"真"这个词。例如，"真是正确性的规范""真概念是一种内在的、超越的和规范的概念""一个陈述在逻辑上为真，当且仅当它在所有模型中都为真"，等等。在这些陈述中，真这个词是不能用去引号来消除的；这些陈述也不能在去引号的基础上当成平庸或多余的整体。仅仅因为其他一些句子（"雪是白的"是真的）在某些情况下是平庸或多余的，

这并不能推出真概念和规范是平庸或多余的。"紧缩论"和"去引号论"建立在错误的假设之上，或者至少是建立在从未确立的假设之上——形如"对真来说没有什么比……更重要"的假设。"静默论"是建立在同样的错误或未确立的假设基础上的，例如，假设哲学的唯一（或最重要的）目的是治疗性的。

陈：我们如何运用你的真理论来处理悖论，尤其是说谎者悖论呢？

谢：我在论文《真与超越性：说谎者悖论的地位转变》（2017）中给出过这个问题的答案。通常情况下，当我们发展某个给定主题的理论时，如引力理论，我们关注理论的内容或目标和它的正确性、趣味性、解释力等。只有当我们达到我们认为对该理论的充分表达时，我们才担心它的逻辑正确性。如果结果表明，该理论包含矛盾，或导致悖论，我们当然会动摇，我们会采取适当的措施来克服这个问题，修正这个理论，或者在极端情况下，抛弃它。但我们主要关心的是把主题弄对。在真的领域中，情况往往不是这样。在这里，许多哲学家首先担心的是悖论或矛盾，而只有在他们采取了足够的措施来避免这些问题之后，他们才会转而去发展一个正确、有趣和有解释力的真理论。但这带来了一个潜在的问题：特设性。如果我们在理解真的本质之前就给出一个隐约可见的真悖论的解答，那么它很可能是特设性的，而非其主题的一部分。这是塔斯基对说谎者悖论的解决方案令人不满的主要原因。这一悖论涉及一个人说"我在撒谎"，或者一个句子说自己是假的（或者不是真的）。如果这句话是真的，那它就是假的；如果它是假的，那它就是真的。塔斯基对这个问题的解决方案是建立一种语言的分层：对象语言、元语言、元元语言等。对象语言的真定义在元语言中给出，元语言的真定义在元元语言中给出，以此类推。没有任何语言包含它自己的真谓词或其他语义谓词，并且不允许自我指称。将理论限制到"演绎科学的形式语言"使这一点成为可能，本质上说，那是在一个定义良好的数理逻辑框架内阐述的语言。人们普遍认为，塔斯基对说谎者悖论的解决方案是有效的，但许多哲学家认为这一解决方案是特设的。许多其他的解决方案被提出——一个特别著名的解决方案源于克里普克（1975）——但这些方案大都遵循这样的模式，将悖论问题当成独立的问题来处理，当成一个必须在发展关于真的内容充分的正确性理论之前解决的问题（或者，有时候，当成一个其解决方案穷尽了真理论任务的问题）。

我自己对真悖论的处理是不同的。我对待真理论和其他任何理论一样：我首先担心理论的内容，然后我才去检验它是否会导致悖论。这就是我说的"说谎者悖论的地位转变"的意思。我的期望是，如果我们的理论能够把真本身弄对，它在一开始就不会导致矛盾。在实践中，我的理论证明了塔斯基对说谎者悖论的解决方案不是基于特设的考虑，而是基于和真本质有关的考虑，而它也将克里普克和其他人对悖论的解决方案看成基于相似的原则。

这件事的核心是我之前讲过的真的基本原则，特别是它的前两个部分：内在性和超越性。这是真的本质，它适用于内在思想，即直接谈论某些主题（按宽泛的理解，这个世界上的某种东西）的思想。我们可以将这种语言，或者我们的语言的那一部分，限制为仅仅是内在的、非超越的思想，为"对象语言"，或者是我们通用语言的"第一层"，即没有用到真谓词的那一层。要产生真谓词，我们需要超越这些内在思想——超越我们的对象语言或超越我们通用语言的第一层并进入其他思想，进入既看到我们的（对象语言，第一层）内在思想，也看到它们视野所及的那些世界方面。只有在这种"超越的"思想层面上，真谓词才会出现。这后一种思想的超越观点，正是被塔斯基的元语言，或者被克里普克的通用语言的第二层，即克里普克真定义的第一阶段所捕捉到的观点。塔斯基的语言分层和克里普克的阶段分级之间有技术上的差异，但是内在性和超越性的基本原则是两者的共同之处。在这种情况下，说谎者悖论不是在外来的、特设的基础上避免的，而是基于真本身的本质。

三、实质真理论与塔斯基真理论等的比较

陈：很明显，你给了塔斯基的真理论一种符合论解读。我自己也持这种解读。然而，关于塔斯基理论的哲学特征有很多争议。有些学者认为，这个定义是符合论的，因为在语言词项和它们所指称的模型中的对象之间存在着指称、满足或符合关系。有些学者认为，这个定义并不是符合论的，因为符合预设了现实世界的实在性，而模型可以是现实世界之外的任何东西。有些学者，如蒯因，认为这个定义是去引号的，或者更一般地，是紧缩的："p"是真的，当且仅当 p，或者 p 为真当且仅当 p。甚至塔斯基自己关于这一点也有不同的说法：有时他说，他的定义是为了捕捉亚里士多德关于真之符合论直觉；有时他说，他的定义是中立的，与关于实在的任何哲学立场都是相容的。你能帮我澄清一下这个问题吗？这让我困惑了很长一段时间。

谢：我不是一个塔斯基学者，但我看待这个问题的方式是这样的：首先，在这个问题上有两种观点，一种历史的观点和另一种非历史的观点。从前一种观点看，问题是塔斯基自己如何看待他的真理论；从后一种观点看，问题是塔斯基的理论是怎样的理论，而不是塔斯基自己认为它是什么，或者意图它是什

么。其次，问题在于，我们是应该关注塔斯基 1933 年的《形式化语言的真概念》中的理论（在那里他将他的理论作为一种符合论提出）还是应该关注他 1944 年的《真之语义概念和语义基础》中的理论（他在那里说，他的理论在哲学上是中立的）。关于第二个问题，我倾向于关注他 1933 年的原始论文。我认为这是塔斯基对他的真理论的全面发展。而 1944 年的论文旨在使他的理论引起哲学家的注意，他认为那种方式最有可能吸引他们。关于历史和非历史的观点：从历史上看，我赞同你的观点，塔斯基自己把他的理论看作亚里士多德精神之下的一种符合论，他将他关于真定义充分性的实质条件（T-模式）看成捕捉符合原则（请参阅我对你先前关于语言两副面孔问题的回答）。但是，当我们问塔斯基的理论究竟有什么成就时，这与塔斯基本人认为它有什么成就无关。正如我在讨论真的逻辑性原则时所指出的那样，我认为它所取得的成就是，说明了逻辑结构在真中扮演的角色。这是一个符合论说明吗？我自己认为最好将其解释为一个符合论的说明。例如，逻辑常项最好被看作表示（或代表）世界中的性质（关系，函数），而满足最好被看作一种符合关系，但这并不是大多数人的看法。总之，无论是逻辑哲学家还是研究真的哲学家都很少对这个问题进行彻底和系统的讨论。

　　陈：与塔斯基的语义真理论和其他真理论相比，你的实质真理论有什么创新？

　　谢：与塔斯基的理论相比，我所提出的实质真理论的创新主要是我提出的问题。这包括如下的问题：真在人类思想中产生的认知条件，考虑真在知识中的作用，关于符合的性质及其模式的多元性的大量哲学问题，除追踪逻辑结构对真的贡献之外的其他真值条件的兴趣，关于真的怀疑论问题，对数学中的真的研究等。与像保罗·霍维奇这样的紧缩论者相比，我提出了许多问题，超出了他们自我限定的那些等价式和去引号模式。此外，我对真在人类生活中的作用的回答远远超出了"紧缩论"的答案，后者将其限制为某些技术上的作用和对概括的工具性需求。特别是，我关注的是真在知识中所扮演的实质作用。我并没有把关于真的哲学问题的讨论归入其他哲学学科；相反，我在真理论之中面对这些问题。我接受了紧缩论者所不接受的挑战，比如，解释数学中的真的挑战，以及在这个领域所遇到的特殊困难等。与传统的符合论者相比，我发展了一种新的、动态的符合说明。符合不需要假定一种天然的、过于简单的模式，如复制、镜像或直接同构。相反，它是一个开放的问题，一个需要实质性探究的问题。在不同的领域中符合采取何种形式，是否在所有的领域中都采取同样的形式，它所采取的形式有多简单或多复杂等。最后，与真之多元论者（如克里斯平·赖特和迈克尔·林奇）相比，我的多元论更有限，也更有实质内容。一方面，其他的多元论者允许更广泛的真类型，例如，融贯、符合，以及实用论真，它们都没有什么共同点。我将真的多样性限制为符合形式的多样性，这使我的多元论更加紧密和统一。另一方面，其他的多元论者将真的一般原则限制为很大程度上是无关紧要的原则，而将真理论的实质性部分归入具体的原则（那些随领域不同而不同的原则）。我自己的理论要求，一般的原则和具体的原则都是实质性的，要进行实质性的探究，而不是仅仅采取老生常谈的形式。

参 考 文 献

[1] Sher, Gila. In Search of a Substantive Theory of Truth[J]. The Journal of Philosophy, 2004, 101（1）：5-36.

[2] Sher, Gila. Epistemic Friction: Reflections on Knowledge, Truth, and Logic[J]. Erkenntnis, 2010, 72（2）：151-176.

[3] Sher, Gila. Forms of Correspondence: The Intricate Route from Thought to Reality [M]. in Truth &Pluralism: Current Debates, Eds. N.J.L.L.Pedersen & C.D. Wright, Oxford, 2013.

[4] Sher, Gila. Substantivism About Truth[J]. Philosophy Compass, 2016, 11（12）：818-828.

[5] Sher, Gila. Epistemic Friction: An Essay on Knowledge [M]. Truth, and Logic. Oxford: Oxford University Press, 2016.

[6] Sher, Gila. Truth & Transcendence: Turning the Tables on the Liar Paradox [M]. in Reflections on the Liar, Ed. B. Armour-Garb, Oxford, 2017：281-306.

一种新的逻辑哲学
——陈波与吉拉·谢尔的对话*

陈波[1]　［美］吉拉·谢尔[2]　徐召清[3]（译）

（1.北京大学哲学系，北京；2.美国加利福尼亚大学圣地亚哥分校哲学系，加利福尼亚圣地亚哥；3.四川大学公共管理学院，成都）

摘要： 吉拉·谢尔从基础整体论出发，对逻辑基础问题给出了新的回答。她认为逻辑既奠基于世界，又奠基于心灵。但在《认知摩擦：关于知识、真和逻辑》中，她更强调前者，尤其是逻辑的事实性特征。她进一步澄清了逻辑性标准如何能够容纳二阶逻辑和模态逻辑，以及在基础整体论的视角下逻辑与集合论的关系。她还讨论了逻辑的心理主义，以及汉纳和麦蒂的逻辑观、蒯因的逻辑可修正论题，并对《认知自由》一书的主要内容做了预告。

关键词： 逻辑基础问题；逻辑性标准；心理主义；逻辑的可修正性；《认知自由》

1. 关于逻辑的基础说明

陈：主要受蒯因（和马克思主义哲学）的影响，我是对逻辑规律的先验证成的敌人，而更同情经验论者的证成：逻辑在某种程度上与世界以及我们对世界的认知有关。但以何种方式？许多细节都不清楚，隐藏在黑暗之中。当我读到你的长文《逻辑的基础问题》时，我觉得我得到了我想要的东西。你能否简

---

* 陈波于 2017 年 8 月 10 日至 2017 年 8 月 25 日，受北京大学研究生院"文科博导短期出国项目"资助，赴美国加利福尼亚大学圣地亚哥分校访问吉拉·谢尔教授，两人共同完成了 4 万多字的访谈录：《基础整体论、实质真理论和一种新的逻辑哲学》。由于访谈录太长，拆成 4 篇文章分别发表，本文是该访谈录的第四部分，曾刊登于《逻辑学研究》2018 年第 11 卷第 2 期。

吉拉·谢尔（Gila Sher），美国加利福尼亚大学圣地亚哥分校哲学系教授，研究领域为认识论、形而上学和逻辑哲学。出版两本重要著作：《逻辑的界限：一种广义的视角》和《认知摩擦：关于知识、真与逻辑》。

陈波，北京大学哲学系暨外国哲学研究所教授，研究领域为逻辑学和分析哲学，尤其是逻辑哲学、语言哲学、弗雷格、蒯因和克里普克。

单地回答以下这些与你对逻辑的基础说明有关的问题：为什么我们绝对需要这样一种说明，为什么我们这么长时间都没有这样的说明，你是如何发展你自己的说明的，你的说明有哪些基本主张，还有什么开放问题有待回答，还有哪些工作有待完成，等等。

谢：逻辑在所有知识和话语中都扮演着重要的角色，因此对逻辑的基础说明尤为重要。由于我们的认知局限，我们无法通过直接发现与世界的一切事物有关的所有知识来获取世界的知识。我们需要一种推理方法，使我们能够根据已有的知识来获得新的知识，而所需的方法必须将真从句子传递——真正地传递——到句子，而且确保这种传递——真正地确保这种传递。这需要逻辑有一个事实基础。此外，由于逻辑的普遍性，逻辑上的错误原则上可以破坏我们的整个知识体系。生物学中的一个严重错误不太可能破坏物理学，而物理学中的严重错误不太可能破坏数学或逻辑，但逻辑上的严重错误很可能会破坏所有学科。此外，逻辑上的错误，作为一个矛盾，很可能会对我们的知识体系造成特别严重的损害，从而消除真实和虚假的知识——名副其实的知识和虚构之间的区别。最后，逻辑结构，以及作为其核心的逻辑常项，在所有领域和所有层次的人类话语中是如此普遍，如果我们不能正确理解它们对语句的真值和真值条件的贡献，我们就不能正确理解我们在所有领域中的语言的大多数句子的真值和真值条件。所有这些都意味着我们不能把逻辑视为想当然的，逻辑并不只是一个游戏或一组约定，仅仅"感觉"它是对的，或它在我们看来是明显的或以某种方式不证自明的，这都不足以证成我们的逻辑理论。我们需要为逻辑建立一个真实的基础，而这不是一个平庸的问题。

为什么我们在这么长的时间里缺乏对逻辑的基础说明？首先，我要说的是，在整个历史中，许多逻辑学家和哲学家都对逻辑的本质和基础持有哲学观点，但缺失的是一个彻底的、系统的基础理论。这不仅是我的观点，也是佩内洛普·麦蒂在她 2012 年的论文《逻辑哲学》中所提到的。佩内洛普，以及罗伯特·汉纳，最近也尝试过这样的基础。在我看来，直到最近我们仍缺乏全面的逻辑基础的主要原因在于这样一个事实，我们前面已经谈到过，传统哲学家将基础方案等同于基础论方案，这导致他们得出如下的结论：逻辑的基础（作为一个"基本"学科）是不可能的。此外，拒绝基础主义方法论的哲学家们在很长一段时间里都把这种拒绝看作对基础方案本身的拒绝。他们反对为逻辑提供系统基础的具体原因是循环和无限倒退。这可以追溯到维特根斯坦的《逻辑哲学论》，他在其中说，为逻辑提供一个基础，我们必须"站在逻辑之外"，但站在逻辑之外就不可能思考。遵循谢弗的用法，这个问题有时被称为"逻各斯中心论"的问题："为了给出逻辑的说明，我们必须预先假定和使用逻辑"。有趣的是要注意，将基础方案与基础主义方案相等同，这在哲学家当中是如此地根深蒂固，甚至拒斥基础主义的当代哲学家也引用逻辑基础不可避免地包含某种循环（倒退）这一事实，来否定这种基础的可能性。

为了发展逻辑的基础说明，我使用了基础整体论的方法论。在这种方法论中，我经常使用功能方法（在"功能"的日常意义上）。例如，确定逻辑的一个核心角色（功能），我要问满足这个角色需要具备什么特征；然后，有了这些特征，我就会问什么样的基础会赋予逻辑这些特性；等等。

我的基本主张是：

（1）逻辑既是知识的领域，又是知识的工具。作为一种知识的工具，逻辑的作用是发展一种特别强大的通用推理方法，并为发现特别有害的错误（矛盾）提供工具。作为一个知识的领域，逻辑研究这种类型的推理和矛盾。

（2）就推理而言，逻辑必须指定，一个给定推理在什么条件下、以何种特别的模态强度将真从句子传递到句子。这种类型的推理被称为"逻辑上有效的"。逻辑必须使我们能够识别逻辑上有效的推理，告诉我们如何建立这样的推理，等等。

（3）无论是作为一个知识的领域，还是作为一种知识的工具，逻辑都需要既奠基于世界，也奠基于心灵。

（4）除了所有学科共享的原因（例如，认知摩擦），逻辑需要在世界上奠基或者需要一个事实性基础，还有特别的原因：①逻辑必须在世界上有用。②逻辑在下述意义上是事实性的，即一个给定的推理是否能以一种特别强的模态力将真从句子传递到句子，这是一个事实问题。③逻辑必须从句子传递到句子的是真（而不是美，或简单性，或……）。因为按广义的理解，真是与事物在世界上的方式有关的事情（而不是只与心灵相关的事情），世界在逻辑推理中起着至关重要的作用。特别地，逻辑推理受到一些事实的约束，并且可以奠基于这些事实，其涉及前提在世界中为真或将会为真的条件与结论在世界中为真或将会为真的条件之间的关系。

（5）逻辑也需要在人类心灵中奠基，因为它的任务是创造一个强大的推理（或发现有害错误）系统供人类使用。这意味着心灵的某些方面（语言、概念等）对于构建逻辑系统也是至关重要的。

（6）为了具有普遍性和特别强的模态力，逻辑不能仅仅奠基于与世界有关的任何事实，它必须奠基于约束世界的适当规律——它们要具有普遍性和特别强的模态力所要求的特征。

（7）这种类型的规律是形式规律，它是对一般对象的形式性质（关系、函数）的规范。一些形式性质的例子是同一、非空、（在论域内的）普遍性、补、并、交、包含等，这些性质与标准数学性质的逻辑常项一一对应。在我的观念里，标准的数理逻辑奠基于约束这些性质的规律。

（8）形式性质的一个特征是：在个体的 1-1 替换下保持不变。举例来说，同一在将个体 b 和 c 分别替换为 b' 和 c' 的 1-1 替换下是不变的，或者是不加区分的：$b=c$，当且仅当 $b'=c'$。同样，非空性是在任何 1-1 的个体替换下保持不变的性质：如果所有（非空）域中的个体以 1-1 的方式替换为任何个体，A 在这种替换下的像是 A'，那么个体的性质 P 是非空的，当且仅当它在 A' 中的像是也非空的。我将这种不变性用作形式性的一般标准。

（9）用当代数学的语言，对 1-1 替换下的不变性的一个系统解释是：在所有同构下的不变性（同一是在形如 $\langle A, b, c \rangle$ 的结构的所有同构下都保持不变的，其中 A 是非空的个体集，b 和 c 是 A 的元素；非空性是在形如 $\langle A, B \rangle$ 的结构的所有同构下都保持不变的，其中 B 是 A 的子集；等等）。

（10）为了达到普遍性和模态力，我们注意到，形式性质在任何类型的个体的 1-1 替换下都是不变的，无论是事实的个体还是反事实的个体。

（11）其结果是：规范形式性质的规律——形式规律——是普遍的，而且具有一种特别强的模态力。它们是普遍的，因为它们在所有实际的结构或情境中都成立；而且它们具有一种特别强的模态力，因为它们在所有的反事实情境中都成立，这里"反事实"的范围特别宽泛。物理性质与形式性质相比，并没有如此高的不变性：在用非物理个体（如数学个体）来 1-1 替换物理个体时，它们并不会保持不变。因此，形式规律比物理定律具有更大的普遍性和更强的模态力。简而言之，形式规律足够强，可以为逻辑奠基。

（12）为了创建一个适当的逻辑系统，我们可以使用形式性质作为逻辑常项的外延。例如，性质非空是存在量词的外延，求补的运算是否定的外延，同一关系是等词的外延，等等。然后，我们就可以将形式规律成立的事实和反事实情形的整体通过塔斯基模型来表示，而且将逻辑真和后承定义为在所有模型中都真或保真。

（13）逻辑常项的强不变性和塔斯基的模型装置保证了逻辑推理是高度通用的、高度必然的、题材中立的，而且具有一种特别强的规范力（例如，比物理的规范力更强）、是准先天的（很大程度上不受经验发现的影响）等。然而，它不是分析性的（因为它不只是奠基于心灵的）。除了语义学之外，"形式"逻辑也有一个证明系统。该系统的证明规则奠基于控制该系统的逻辑常项（的外延）的规律。

（14）任何形式性质都可以作为适当的逻辑系统中的逻辑常项的外延。因此，逻辑比标准的一阶数理逻辑更广泛。它包含了二阶逻辑，以及所有所谓的广义一阶逻辑——具有如下逻辑常项的逻辑，比如"大多数""无限多""是对称（关系）"等。

还有哪些问题有待解决，还有哪些工作要做？第一，关于逻辑和数学之间的关系还有很多的工作要做，下面我将简要地讨论这个问题。第二，关于形式结构的规律还有很多工作要做。第三，关于将逻辑奠基于心灵，还有很多工作要做（这是你的下一个问题）。除此之外，还有一些问题和批评需要回应（截至目前我已经对大多数问题和批评进行了回复，但新的问题/反对意见可能还会出现）。最后，我希望我在逻辑基础上的工作能够促使其他人以一种彻底和系统的方式来研究其他知识领域的哲学基础。

陈：我的印象是，你极力论证将逻辑奠基于世界，但在逻辑也奠基于心灵方面做的论证很少。你能否进一步解释，逻辑在何种意义上，以何种方式，是奠基于心灵的？在这一点上，我认为你可以追随蒯因：让达尔文的自然选择和进化发挥关键作用。通过自然选择和进化，世界的结构特征被植入我们的心灵之中，但还需要更多的细节。你觉得我的建议怎么样？

谢：首先，让我解释一下，尽管逻辑需要在世界和心灵中都有基础，但我迄今为止一直专注于它在世界上的奠基。有两个相关的原因。一是过去和现在的大多数哲学家，都认为逻辑是奠基于心灵的，所以目前，解释它在世界上的奠基比它在心灵中的奠基更重要。二是如果一个人从逻辑在心灵中的奠基出发，就会有产生无摩擦理论的危险，所以从一开始就有一个明确的约束是很重要的。对逻辑的一个主要制约因素，就像对一般的知识一样，是世界。所以我更愿意从世界开始我的基础研究（这也是我在写《认知自由》之前，决定先写《认知摩擦：关于知识、真和逻辑》的主要原因之一）。

至于你建议我用进化论来说明逻辑在心灵中的奠基，我同意你的观点，认为进化论在我们发现世界的形式或结构特征方面扮演着重要的角色，这是合理的。所以这很可能是那个说明的一部分。但是在心灵中为逻辑奠基也涉及其他事情。例如，我们对知识进程的积极参与，包括发展逻辑系统，这很可能超出了进化论。虽然很大程度上我将进化的方面留给进化理论，但我还是希望能在计划写的《认知自由》一书中对其他因素进行研究。

2. 逻辑性标准、集合论和逻辑

陈：根据你对形式性的定义，一种算子是形式的，当且仅当它在个体的 1–1 替换下保持不变；一种算子是可接受的逻辑算子当且仅当它是形式的。据我的判断，你的定义没有足够的信息量来清楚地区分形式和非形式，以及逻辑常项和非逻辑常项，因为你没有清楚地定义个体或对象究竟是什么。如果你只允许事态和本义的个体成为对象，那么，你就会把逻辑限制在数理的一阶逻辑上，也就是，句子逻辑和谓词逻辑。如果你承认性质和命题是某种类型的对象，那么，像"AF"和"3G"这类高阶量词，"必然地"，"可能地"和"不可能地"，"知道"和"相信"，"过去"和"未来"，"应该"，"允许"和"禁止"，等等，都是逻辑常项，因为它们在性质或命题的 1–1 替换下保持不变，无论它们属于什么知识领域。因此，我们将获得或窄或宽的逻辑常项列表，以及或窄或宽的逻辑范围。所有这些都可以按它们自己的方式非常好地解释逻辑的特征，诸如题材中立性、抽象性、基本性、特别强的模态或规范力、确定性，以及（准-）先验性。你对我的评论怎么看？

谢：让我解释一下你的评论中作为逻辑性标准的不变性，特别是，为什么用个体，而不是用一般意义上的对象（包括性质和关系）来表述，它与二阶和高阶数理逻辑及非数理逻辑是如何关联起来的。首先，让我澄清两点：

（1）形式性/逻辑性的不变性标准既适用于对象层面，也适用于语言层面。在对象层面，它告诉我们哪些对象（包括性质、关系和函数）是形式的，而在语言层面，哪些语言表达式是逻辑的。在对象层面，我们假设有一个对象具有分层的结构：个体（第 0 层）、个体的性质（第 1 层）、个体性质的性质（第 2 层），等等（此处的"性质"是"性质、关系或函数"的简写）。在语言层面，我们假设有一个对应的表达式的分层结构：个体的名字（第 0 层）、个体的谓词（第 1 层）、个体谓词的谓词（第 2 层）等。

（2）在对象层面，在个体的 1–1 替换下保持不变的事物是各种层次的性质。在语言层面，是各种层次的谓词。在个体的 1–1 替换下保持不变的性质被认为是形式的；相应的谓词被认为是逻辑的（或可作为逻辑谓词）。逻辑谓词被说成是表示形式性质。在这个意义上的形式性质的例子包括同一（第 1 级）、非空（第 2 级和更高级）、互补（第 2 级和更高级）、交集（第 2 级和更高级）、所有的基数性质（第 2 级和更高级）、自反性和对称性（第 2 级和更高级）等。

相应的谓词是等词、存在量词、否定、合取（形如 $Ax\&Bx$）、基数–量词、自反性和对称性量词等，除等词（和其他一些谓词）外，它们可以是第 2 级和更高的级。

第二条的澄清为你的问题提供了一个答案：个体的 1–1 替换下保持不变的标准产生了所有层次上的逻辑和非逻辑表达式的划分，因此就足以解释二阶和更高阶的数理逻辑，而不仅仅是一阶逻辑。现在回答你的问题：为什么是在个体的 1–1 替换下保持不变，而不是在性质的 1–1 替换下保持不变？因为满足后一种条件是非常困难的，满足它的谓词不适合作为逻辑的基础。标准的逻辑常项都不满足这种不变性条件，你所提到的其他常项也不满足，比如"必然地""可能地""知道""相信"等。满足在性质的 1–1 替换下保持不变的性质，大都是标示语义类型的谓词："是个体""是个体的 n 元性质""是个体的 m 元性质的 n 元性质"等。将自身局限于此类逻辑常项的逻辑将无法实现逻辑的指定任务。个体的 1–1 替换不被模态和其他算子满足这一事实能成为放弃这个标准的理由吗？不能。在某种意义上，数理逻辑比其他逻辑更强，例如，具有更强的模态力。这并不意味着不存在较弱的推理系统，但这些逻辑的基础在某些重要方面，与数理逻辑不同。有可能基于某种形式的不变性来建立它们，但那既不是在个体的 1–1 替换下保持不变，也不是在性质的 1–1 替换下保持不变。对逻辑哲学家来说，要系统地理解这些逻辑的基础是一种挑战，那种方式既在哲学上具有启发性，又能为批判性地评价这些逻辑提供工具。

陈：你使用集合论，更具体地说，ZFC 作为形式结构的背景理论，你也把逻辑看作制约对象结构的形式规律的理论。你的策略似乎带来了一个大的问题：集合论先于逻辑，还是逻辑先于集合论？换句话说，我们是将逻辑作为构建集合论的工具，还是将集合论作为构建逻辑的工具？你对这些问题怎么看？

谢：在我看来，集合论和逻辑都没有先于对方。逻辑和数学（包括集合论）是同步发展的，它们的发展是一个建设性循环的例子，这个过程是由我的基础整体方法论和知识的动态模型所认可的。一个基础论者必须把其中一个看作优先于另一个（除非她把它们看作是属于分层真中的不同分支），但是整体论者不必如此。逻辑和数学是同步发展的，各自都使用对方提供的资源来进一步发展。我在回答你关于建设性循环的问题时描述过这个过程。就 ZFC 的情况而言，我们可以使用前公理化的逻辑来发展素朴集合论，再用朴素集合论来发展公理化逻辑（语法和语义），然后用公理化逻辑来发展公理集合论（语法和语义），以及公理集合论来发展广义的逻辑（特别是它的语义）。我还应该指出，

ZFC 只是一个形式结构的背景理论的一个例子；原则上，其他的背景理论也是可能的。

陈：关于你对逻辑或数学真的说明，我担心它们太具特设性而不能有效。你似乎首先把当前逻辑和数学理论的大部分都看作正确的；然后，为了解释它们的真，你找出对象的形式或数学特征。用比喻来说，这个策略看起来就像把马车放在马前面一样。你的理论可以解释当前的逻辑和数学真，但我怀疑它是否也能检验新的逻辑或数学理论的真实性。考虑数学中的基数，我怀疑它们是否可以作为检验所有数学理论正确性的试金石，尤其是将来会出现的新理论。你对我的担心和怀疑怎么看？

谢：我不认为我对逻辑和数学真的处理是特设性的。运用基础整体的方法论，我在我们现有的理论之间来回转换，包括关于它们的批判哲学问题，对真和逻辑的一般性探究，运用哲学和数学以及逻辑的文献中的各种资源，作为背景的心理学知识、常识推理等。所有这些都使我们能够对我开始时的理论发展一种批判的看法。实际上，就逻辑而言，我得出的逻辑与我开始时的逻辑是不同的：广义的一阶逻辑与标准的一阶逻辑是截然不同的。至于数学，我把数学定律解释为制约世界上的形式性质的规律，这为批判性地检查目前公认的数学定律奠定了标准。这些规律在实用主义或美学基础上被证成，是不够的；它们需要用真实的基础来证成，也就是，以真为基础。

关于数学中的基数，我完全同意它们不能作为检验所有数学理论正确性的试金石，我从来没有说过它们可以。我用它们作为世界的形式/数学特征的例子和其他特征的例子：同一和差异、自反性、对称性、传递性、良序、补、交、并、笛卡儿积等。此外，我把未来会发现什么新的数学特征和规律留作开放的问题。我并未声称，或期望，或假设，或要求它们是基数，或与基数有关。

3. 心理主义、汉纳和麦蒂的逻辑观

陈：众所周知，数理逻辑起源于弗雷格和胡塞尔对心理主义的著名攻击。近年来，主要以认知科学和认知逻辑为背景的学者们，开始反思和重新评价反心理主义，甚至重新思考心理主义在逻辑中的复兴。你对逻辑基础的说明与这种心理主义有关吗？你能对逻辑中的心理主义、反心理主义和新心理主义做一些评论吗？你能在这种背景下，简单回顾一下罗伯特·汉纳的《理性与逻辑》一书吗？我浏览过这本书，阅读过其中几章。

谢：心理主义对不同的人意味着不同的东西。我更倾向于关注弗雷格，而不是胡塞尔，因为弗雷格在塑造我的哲学观点上扮演了重要的角色，胡塞尔却没有。然而，与弗雷格不同的是，我不认为心理主义是非黑即白的问题。我同意弗雷格的说法，即逻辑理论的工作不是描述人类的实际推理形式，当然也不是描述他们的推理习惯。它的工作是建立一种正确的推理方法，这种方法在下述意义上是正确的，它所认可的推理形式确实以很强的模态力将前提中的真传递给结论。焦点问题不在于人们是否相信逻辑推理是真实的，或者是否像他们相信它们那样去行动，而在于它们本身是否的确是真实的。逻辑规律的真，而不是它们与我们的心理构成的一致性，是它们规范力的来源。我们能够做出，有时也的确会做出不正确的推理，但逻辑的工作是建立一个正确推理原则的体系，不管我们的心理构成是否"迫使"我们以这种方式去推理。和弗雷格一样，我相信逻辑是客观的，奠基于某种客观的东西。

但与弗雷格不同的是，我认为人类心理学在逻辑中扮演了重要的角色。构建一个正确的逻辑系统不止一种方法，但是我们感兴趣的是一个可以被人类使用的逻辑系统，并且我们能够构建的逻辑系统也是只用我们可用的认知资源就能建立起来的。在这些方面，逻辑考虑了人类生物学、心理学等，所以，我认为心理学和认知科学研究的一些内容与逻辑系统的理解和逻辑系统的构建是相关的。至于这是否就是逻辑的新心理主义，我更愿意将其留作一个开放的问题。不同的实践者说的是不同的东西，我们必须单独检查他们说的是什么。至于罗伯特·汉纳，我发表过讨论他 2006 年的《理性与逻辑》一书的书评，我所说的要点是：汉纳发展了一种宽泛的康德式的"认识主义"逻辑观，根据他的看法，逻辑是一门先验的规范学科，由理性构成，并且是由有理性的动物在一种天生的模板——称其为"原型逻辑"——的基础上建设性地创造出来的，它属于一种特殊的认识能力、逻辑能力。对这种能力和它产生的逻辑的研究是认知心理学和哲学的共同课题，但它并不是一个将逻辑还原为心理学意义上的自然主义方案。汉纳将原型逻辑与普遍语法进行了比较。普遍语法允许多种自然语言，原型逻辑也同样允许多种逻辑。这些逻辑必须包括原型逻辑，但除此之外，可以说"一切都行"，包括相互冲突的逻辑。

我同意汉纳理论的某些方面，例如，心灵是逻辑奠基于其中的事物之一，以及逻辑不能归约为心理学。但我对其他方面是批判的。我对汉纳的说明一个批评焦点是它完全忽略了逻辑的真实性。根据他的说法，逻辑只在心灵中，而不在世界中。人类被认为是逻辑能力的"俘虏"，这使得他们没有空间去批判性地看待逻辑，也没有办法区分那些事实上以很强的模态力将真从句子传递到句子的逻辑系统和那些没有做到这一点的逻辑系统。对逻辑来说，其真实性的重要削弱了原型逻辑与普遍语法之间的类比。自然语言既不是真的也不是假的，但逻辑上的主张都是，无论是对象层面的主张（"每个个体都是自我同一的"）还是元逻辑的主张（"句子 S 在逻辑上是真的""$S2$ 可从 $S1$ 逻辑地推出"）。

陈：2002～2003 年，当我在迈阿密访学的时候，我读了佩内洛普・麦蒂的论文《自然主义视角下的逻辑》。它给我留下了深刻的印象。后来，我要我的一位博士研究生将它译成中文，发表了该文中译版。在这篇文章中，麦蒂做出了很大的努力将逻辑奠基于世界和心灵中："逻辑对世界来说是真实的""我们的逻辑的核心反映了世界的结构特征""逻辑学植根于人类认知的结构"，更具体地说，"经典的一阶逻辑基于我们最基本的概念化模式"。你能比较一下你对逻辑的基础说明和麦蒂在那篇文章中的自然主义逻辑观吗？

谢：我们的观点有一些重要的相似之处：我们都认为逻辑既奠基于世界也奠基于心灵，我们都将世界的结构维度当作逻辑奠基的东西，我们都否认逻辑是分析的，我们都否认它是纯粹先验的，我们都关心逻辑的真实性，而且我们都相信逻辑变化的可能性。从方法论上看，我们都把逻辑哲学，以及更一般意义上的哲学，看作与其他学科（包括经验学科）相互联系的。作为哲学家，康德和蒯因对我们都很重要。

但我们之间也存在着显著的差异。首先，麦蒂是一位自然主义者，而我不是。虽然我对哲学和科学之间的合作很友好，但自然主义并不是我的哲学身份的一部分，那是她的哲学身份的一部分。其次，麦蒂从康德的作品中接受了我在他的作品中所拒绝的：他对逻辑的处理。在我看来，康德的作品在认识论和伦理学等领域是极其重要的，但在逻辑或逻辑哲学中不是这样。此外，我反对康德的观点，即我们的思想的逻辑形式是一次性地建立在我们身上的，我们没有任何办法控制它们。这使逻辑在人类心灵中的基础成为静态的和消极的，这使得解释逻辑的真实性极其困难。我和她之间的这种不同，在一定程度上反映在她问我的问题之中。2002 年我在加利福尼亚大学欧文分校做了一次演讲，那之后她问了我一个问题。她问的是，人类认知的生物结构是否有可能恰好与世界的结构完全一致。我回答说，这不是关键所在。关键在于，是世界决定了哪种逻辑形式的观念产生了正确的逻辑真和后承，而非某些心灵的认知结构碰巧是什么。并非所有可能的心灵结构都有能产生正确推理的内置的"逻辑形式"。正确性是一个关于世界如何的问题，而且逻辑的历史表明，我们的确对我们在推理过程中所使用的逻辑形式有一定的力量，所以人类认知的生物结构碰巧是什么,即便在心灵层面,也不是故事的全部。此外,我认为我的理论与麦蒂的理论相比更强大、更有信息内容,也提供了更丰富的工具来解释逻辑在世界中的奠基,以及逻辑推理、逻辑真、逻辑规律的必然性。另外,我提供了一种对逻辑所奠基的世界特征——即形式特征——的精确刻画,而且我是以非常富有成效的概念——同构不变性——做到的。这使我能够做一些麦蒂的说明做不到的事情:我可以解释逻辑真和推理的客观必然性,而无须基于偶然事件的理由,或主观的理由——基于在我们看来什么是必然的;我可以确定,这个世界上的什么东西是逻辑的真实性的来源,而不是说,逻辑真是真实的,逻辑后承是保真的,这在我们看来是显然的;等等。最后,我的基础整体论使我既能克服在逻辑基础研究中对循环性的反对,又能解释人类如何能够获得为逻辑规律奠基的客观规律的知识。麦蒂正确地拒绝了蒯因的单一整体论,但她没有提供其他的整体论,因此没有办法解释逻辑知识,也没有办法消除在所有非整体论的逻辑研究中出现的循环性反驳。

4. 蒯因的逻辑可修正性

陈: 就逻辑的可修正性而言,蒯因的立场似乎既激进又保守。激进的一面:他认为,逻辑与科学在奠基于我们的知识体系的相互联系方面共享经验内容,因此它甚至是在经验证据的基础上可修正的。保守的一面:他认为任何替代逻辑,比如直觉主义逻辑和量子逻辑,都不是对一阶逻辑的真正修正,因为它改变了逻辑术语的意义,因此是在处理不同的主题。你能就蒯因在逻辑可修正性问题上的观点发表评论吗?你能举出对经典逻辑做真正修正的例子吗?顺便说一下,近年来,逻辑多元论变得相当流行。你能解释一下逻辑多元论究竟是什么意思吗?你对逻辑多元论的态度是什么?为什么?

谢: 在我看来,蒯因在逻辑可修正性上的立场是复杂的,而且它们之间存在严重的冲突。蒯因对分析性的拒绝,以及他将所有学科都看成部分事实性的、部分约定的,这表明逻辑(非常重要的)部分是事实性的,也就是奠基于世界的,因此也对基于事实理由的修正保持开放。这似乎反映在《经验论的两个教条》的著名段落之中,蒯因把逻辑的修正与物理和生物学的修正进行了比较。但是,这里的冲突却在蔓延。对这段话的仔细审视表明,这种比较的基础实际上是所有这些修正中的实用元素,而非事实性元素:"修订逻辑排中律甚至作为量子力学的一种简化方式而提出,这种转变和开普勒取代托勒密,或爱因斯坦取代牛顿,或达尔文取代亚里士多德的转变之间有什么原则上的区别呢"(强调为引者所加)。所以他的要点并不是说逻辑是事实性的,而是说经验科学在很大程度上是实用论的或者是约定的。在我看来，蒯因要将逻辑看成事实性的，其根本困难在于他的激进经验论。作为一个经验论者，蒯因不能承认世界的抽象特性，或者至少人类对这种特性的知识，因此他不能将逻辑按其本身的样子奠基于世界，而只能作为一种处理手段，特别是，我们处理经验科学实验范围内所产生的问题的简化手段。

相比之下，对于我来说，这个世界，或者世界上的对象是否具有抽象的特征是一个开放的问题。此外，我相信，至少对于形式特征，我们有充分的理由接受它们的实在性。正是规范这些特征的规律——形式规律——为逻辑奠基。因此，对我来说，逻辑的修正不仅仅是基于对经验科学的实用论考量，而且也出于，并且实际上主要是出于对逻辑本身的真实性的考量。

例如，考虑一下对排中律 $S \vee \neg S$ 或（$\forall x$）（$Px \vee \neg Px$）的修正。这个规律（按它的第二种形式）奠基于一种规范世界的形式规律。用集合论的术语，我们可以这样来描述，它说的是，给定个体域 D 和性质 P，每个 D 中的个体是要么位于 P 在 D 中的外延之内，要么位于它在 D 中的补集之内。这个规律假定世界的基本形式结构使得任何个体域都被每个性质分成两部分。但是，这个假设是否正确是一个开放的问题。如果事实证明，任何个体域在原则上都被分为三个或多个部分，那么排中律就是假的，而经典逻辑也应该被修正（正如我在书中解释过的，句子版本的排中律的情形与此类似）。

关于逻辑多元论，我的观点是，逻辑有多个方面，这自然就产生了多种逻辑，例如，在数理逻辑之外有模态逻辑。我自己的说明关注的是数理逻辑，并解释了为什么它在某种意义上比模态逻辑更强也更基本。模态算子的不变性比数理逻辑算子要弱，在这个意义上，模态逻辑是一个较弱的逻辑。但这并不意味着它不是一个"合法"的逻辑，尽管它确实意味着它不是数理逻辑的替代品。所以，就逻辑多元论而言，我在承认多种逻辑的可行性方面没有任何问题。然而，在思考一般意义上的多元论，尤其是特定的逻辑时，我反对这种"怎么都行"的观点，它有时也与逻辑多元论相关联。特别地，在两种同类型的相互冲突的逻辑中——例如，两种相互冲突的数理逻辑中——我们要么拒绝其中一种逻辑，要么解释为什么：尽管它们存在冲突，但两者都是可以接受的。我们的解释必须处理真实性的问题，即逻辑规律和关于逻辑真和逻辑后承的主张为真的要求，这里的真是在我所赋予的稳固但灵活的意义上说的，也就是，多重的符合。这不是一个平庸的要求。最后，存在多个逻辑，比如直觉主义逻辑，而且（至少一些解释）认为逻辑是完全奠基于心灵的，而不在任何重要的方式上奠基于世界。我拒斥这些逻辑（或如此理解下的逻辑），其理由让我得出这样的结论：逻辑不仅要奠基于心灵，而且要奠基于世界（或世界的某些特定的方面）。

5. 余论

陈：在《认知摩擦：关于知识、真和逻辑》中，你向我们许诺了它的姊妹篇《认知自由》。你能提前告诉我们这本书的内容吗？你的新书将会发展哪些主要观点和立场？

谢：认知自由是认知摩擦的一个补充原则。在《认知摩擦：关于知识、真和逻辑》中，我关注的是知识的整体结构以及摩擦和自由在其中的作用，但我更强调认知摩擦。我的一个主要话题是将知识——各种领域的知识，包括逻辑和数学——奠基于世界。在《认知自由》中，我想解释一下心灵在知识中的作用。在思考基本的人类认知情况时，我把这种情况描述为包含两个要素：心灵和世界。心灵试图了解这个世界，但由于它的认知局限，这不是一个简单的目标，也不是一个容易实现的目标。然而，由于它确实拥有认知资源，加上它能积极地寻找，找出通向世界的认知路径并加以实施，这也不是一种无望的追求。我想在《认知自由》中进行研究的，正是心灵在知识中所扮演的这种角色。在这次探究中，我对两件事特别感兴趣：首先，我对理智在知识中的作用很感兴趣。我感兴趣的是理解它在日常生活中的作用，以及在科学、数学和逻辑知识特别是它在发现中的作用。我的目标是进一步发展——和修正，如果有必要的话——我在《认知摩擦：关于知识、真和逻辑》中提出的理智新范式：构想。

其次，我感兴趣的是一个经典的问题，即心灵和世界是如何聚在一起来产生对世界的知识的。我特别感兴趣的是，我们的积极自由使我们能够驾驭心灵-世界的相互关系的方式。简而言之，我感兴趣的是理解认知摩擦与自由之间的平衡，包括我们从自然或我们自身（通过我们认知被动性、被误导的决定等）所施加的限制中挣脱出来的能力。

陈：在我看来，在当代的分析哲学中，有两种不同的哲学风格。第一种是接近于传统哲学，侧重于形而上学、认识论、逻辑学、伦理学等领域中重大而基本的问题，它们使用分析方法，密切关注对错之分。我自己把蒯因、塞尔和你作为这第一种风格的代表。第二种是集中在非常狭窄和具体的问题上，使用复杂的技术，主要来自逻辑、数学和语言学，发展一些新奇的、奇怪的、有挑衅性的、有时让人惊讶的学说，带来相当激烈的争论和辩论，如此等等。现在，第二种风格似乎比第一种更时尚。你能对这一现象发表评论么：存在还是不存在？积极的还是消极的？

谢：从某种意义上说，你是对的。现在有两种风格的哲学，第二种更受欢迎。与此同时，我认为大多数哲学家都对"大"问题感兴趣，并把更小的问题视为对大问题的更明智的回答。历史学家也有类似的态度。为了在今天解决经典的哲学问题，许多哲学史家认为，你需要了解它们的历史根源和过去的伟大哲学家所给出的答案。目前关注较小问题的趋势是好还是坏？我认为都不是。有很多方法可以为哲学做出贡献，每个哲学家都必须找到自己的方法来做出这样的贡献。

陈：在你看来，伟大的哲学家最突出的特点是什么？你能给年轻一代的哲学家们，特别是年轻一代的中国哲学家们，提供一些做哲学的建议吗？正如你所知，中国哲学长期游离于国际哲学领域之外。我认为这种情况必须改变。至少，一些中国哲学家应该参与到国际哲学活动和哲学共同体中去，例如，参加国际会议和研讨会，在公认的国际期刊和出版社发表作品，等等。通过这种方式，我们可以与国际哲学同行进行比以往更多的交流与对话。

谢：我所钦佩的伟大哲学家的特质包括他们的独立、无畏、心胸开阔、专注于大问题、顽强地寻求到事物的实质、想象力，以及创新。我给年轻的中国哲学家们的建议是，让自己开放地面对各种哲学方法，同时也要忠于自己对什么是重要和值得做的事情的感觉。我认为哲学是普遍的，我和你一道敦促中国的哲学家们加入国际组织，参加国际会议，在国际期刊和出版社发表作品，访问其他国家的哲学系，邀请其他国家的哲学家访问他们的系，以及参加他们的会议。我自己也发现，在国际层面上参与哲学是非常富有成果和高回报的事情，我相信来自所有国家的哲学家们都会这样做。

陈：我想，关于你的哲学，我们一起完成了一份很有分量的访谈。非常感谢你的合作，希望你的下一本书《认知自由》很快就会出版，也预祝它取得巨大的成功。我期待着阅读它！

谢：陈波，非常感谢有机会接受你的采访！

参 考 文 献

[1] R. Hanna，2006，Rationality and Logic，Cambridge，MA：MIT Press.

[2] P. Maddy，2002，"A naturalistic look at logic"，Proceedings and Addresses of the American Philosophical Association，76（2）：61-90.

[3] P. Maddy，2012，"Philosophy of logic"，The Bulletin of Symbolic Logic，18（4）：481-504.

［4］ W. V. O. Quine，1951， "Two dogmas of empiricism" ，The Philosophical Review，60：
20-43.

［5］ G. Sher，1991，The Bounds of Logic：A Generalized Viewpoint，Cambridge，MA：MIT
Press.

［6］ G. Sher，2007， "Review of Rationality and Logic R. Hanna（MIT Press，2006）" ，Notre
Dame Philosophical Reviews，April，2007：1-6.

［7］ G. Sher，2013， "The foundational problem of logic" ，Bulletin of Symbolic Logic，19（2）：
145-198.

［8］ G. Sher，2016，Epistemic Friction：An Essay on Knowledge，Truth，and Logic，Oxford：
Oxford University Press.

附录二　郭建萍与吉拉·谢尔的访谈

逻辑、实质性与知识论

——与吉拉·谢尔围绕《认知摩擦：关于知识、真和逻辑》的访谈*

郭建萍

山西大学哲学社会学学院

吉拉·谢尔（Gila Sher），美国加利福尼亚大学圣地亚哥分校哲学系教授，国际形式本体论学会主席，《哲学》（*Journal of Philosophy*）编辑，《综合》（*Synthese*）主编。代表作有专著《认知摩擦：关于知识、真与逻辑》（*Epistemic Friction: An Essay on Knowledge，Truth，and Logic*，2016；2017）、《逻辑的界限：一种广义的视角》（*The Bounds of Logic: A Generalized Viewpoint*，1991），合著《逻辑与直觉之间》（*Between Logic and Intuition: Essays in Honor of Charles Parsons*，2000）等。吉拉·谢尔专注逻辑、真、知识论、形而上学等研究领域，在国际上享有很高声誉。多篇论文被翻译为中文。专著《认知摩擦：关于知识、真和逻辑》出版后受到广泛关注，谢尔本人也被认为在"西方哲学界大器晚成、近些年异军突起、影响日盛"[①]。在这部专著中，谢尔创新性地从看世界的视角出发，着力于探寻"世界的哪些方面或哪些特征为我们的理论所正确描述"，从而坚持一种实质性知识论，对逻辑的特征及其在知识论构建以及哲学问题研究中的作用也有不一样的思考。围绕这些方面，郭建萍副教授

　＊本文系山西省哲学社会科学规划课题"山西转型发展实务研究——基于吉拉·谢尔基础整体主义知识论"（2019B033）的阶段性成果。本文曾刊登于《哲学动态》2020年第5期。
　① 陈波：《苏珊·哈克的基础融贯论》，《武汉科技大学学报》2018年第2期，第169页。

于 2017 年 12 月 31 日在美国加利福尼亚大学圣地亚哥分校哲学系对其进行了相关访谈。

郭建萍（以下简称为郭）：在您最近的专著中，您创造性地为知识论提出了一种动态的"新蒯因"模型，而不是一个统一的逻辑模型。但如今越来越多的哲学家，如费恩（K.Fine），强调逻辑的统一功能，并且希望逻辑通过为诸如本质、基础等的多种理论提供统一形式来对这些哲学问题做出更大的贡献。您认为我们能够找到一种独特的综合性逻辑来达成这个哲学目标吗？

谢尔（以下简称为谢）：我们说知识是动态的，并不是说它就不是统一的。我认为我所提出的动态模型对一般的哲学和特殊的逻辑而言都是一种统一的模型。它之所以能够成为一种统一模型，就在于它将相同的认知动态模式应用到了所有知识领域。所有领域的知识都需要与世界进行认知联系。这一点在我的模型中完成了。我们知道，不同的学科会与世界的不同方面接触，如自然科学有物理特征，逻辑学和数学有形式特征。而认知联系无论是在发现阶段还是在证明阶段都是必须的。从原则上来说，任何认知能力都可能与这些联系有关，但是世界的不同特征对一些能力（能力的组合）总是比对其他能力来说更容易获得。因此，感官知觉在自然科学、理智在逻辑和数学的理解中起着核心作用（尽管不是唯一作用）。但同时，理智在自然知识中所起到的作用也不容忽视。

就逻辑学和哲学的关系而言，我认为，在 20 世纪前三分之二的时间里，哲学家们都在夸大逻辑对哲学的意义，而之后却是不公正地将其缩至最小，甚至使之逐渐边缘化。最近人们对于逻辑多元论的兴趣及费恩对于逻辑学与形而上学的融合，可能是逻辑之地位发生新变化的标志。在我看来，认识到逻辑在哲学研究中的核心地位，同时不忽视它存在的局限性，对我们来说非常重要。逻辑在知识基础、推理理论、现实形式方面的形而上学研究、语言结构的某些层面、语言和世界的联系等方面有着极其重要的作用。但我认为，用逻辑来指导对真、意义和指称的一般理解是错误的。例如，逻辑模型被设计用来研究什么东西逻辑地从什么中推演出来，就其本身而论，它们是从我们的语言中大多数非逻辑术语的意义和指称中抽象出来的。

谈到逻辑的综合性，我自己认为进行分析-综合的区分没有意义，其理由已在《认知摩擦：关于知识、真和逻辑》中做了解释。但是我确实认为逻辑具有综合知识的一个核心特征，即事实性和客观性。关键点论证如下：

（1）逻辑的主要作用在于发展特别强的推理方法，用来扩展人类知识。

（2）这类方法将产生推理，这些推理保证以特别强的模态力，实现（或保持）从前提真到结论真的传递。

（3）我们熟悉的最强的模态力是形式必然性：也就是说，在所有形式上可能的情境下都成立。因此，逻辑的职责在于发展一种推理方法，这种推理方法产生形式上必然的推理。

（4）一种充分的逻辑系统是那种产生形式上必然的推理的逻辑系统。但是，产生形式上必然的推理意味着，讨论中的推理在客观上（实际在形式上也）是必然的，而不仅是似乎必然且形式的，或者只是出于方便才被看作如此。正因为如此，逻辑是，而且不得不是，事实的且客观的。

郭：正如您在书中说到的，普遍性和特殊性之间的紧张关系对实质性的真理论和知识论都提出了许多彻底不一致或温和不一致的挑战。那么，您为什么拒绝紧缩的真理论和知识论，而选择一条艰难的实质主义者的道路呢？实现实质主义者目标的关键是什么？您认为您已经达成这一目标了吗？

谢：我相信真、知识和实质性是人类所追求的价值所在。这些价值指导着我们的认知行为，尤其是我们在科学、数学、逻辑学和哲学上的努力。就实质性而言，我们更重视深刻的、解释性的、详细的、非琐碎的理论，而不是狭隘的、非解释性的、敷衍的、琐碎的理论。紧缩主义者在真理论方面，有时也在其他哲学理论方面，拒绝这种观点。他们默许一些琐碎而无关紧要的、易于理解的理论，提供肤浅解释的理论存在，如果有的话。

我拒绝紧缩主义的理由与其他反紧缩主义者用以解释其态度的理由有很大不同。例如，古普塔（A.Gupta）和夏皮罗（S.Shapiro）反对真之紧缩主义，在很大程度上是因为它的资源太贫乏以致无法实现紧缩主义者声称的其所作的工作及必须实现的目标。这种批评表明，紧缩主义要想被接受，需要在工具箱中增加一些资源。但在我看来，这还远远不够。真之紧缩主义的问题不仅仅或根本不在于它的资源有限，而是它的目标有限。在我看来，它渴望达到的目标远不及一种有价值的真理论所追求的。紧缩主义可以在工具箱中添加很多资源，完成所有它声称要达成的目标，然而距离完成一个真理论所必需的却仍然差得很远。

紧缩主义的不足之处在为人类解释真的重要性时清晰地显现了出来。按照紧缩主义的观点，对人类来说，真之所以重要，唯一的理由在于它作为技术工具表达一般性的能力。假设我想赞同塔斯基（A.Tarski）所说的一切，但又没有他说的一切的清单，那么我就无法通过明确肯定他的每一个断言来赞同他。相反，运用真谓词，我能说"塔斯基说的一切都是真的"。或者，假设我想肯定排中律。我不能通过形成一个符合它的所有事例的无穷合取——"雪是白的或雪不是白的&草是绿的或草不是绿的&……"来做到。因为这样的合取必然是无穷的，而我们的语言只允许有限的合取。相反，我能用真谓词来说"排中律是真的"或"'P 或非 P'模式中的每一个事例都是真的"。现在，即使这是真谓词的一种有用的使用，认为这是对人类来说真之所以重要的主要理由甚至唯一理由也是荒谬的。考虑下"后真"（post-truth）社会广泛存在的普遍担忧——担忧在"后真"世界里，唯一的（或主要的）问题是人类失去了一种表达一般性的有用的技术装置吗？显然不是。问题是人类不再尊重真的规范。而恰恰是这种规范表明了我们在彼此交谈中不应撒谎，在发展科学理论过程中应以真为目标，换言之，要以世界事实上所是的那样来描述世界，而不是发明关于世界的故事然后以我们想让它是而事实上并非如此的样子来描述世界。这一点对人类来说至关重要。但是紧缩主义忽视了这些方面。同时，紧缩主义不仅缺乏研究真的这些方面的必要工具，还不以研究它们为目标。一种充分的真理论必须认识到这些方面，并以研究它们为主要目标。这是一种实质性目标，这一目标所呼唤的研究也必须是实质性的。实质主义在对真具有重大影响的任何方面所进行的严肃、详细、深入、信息性强的研究都是开放的，这使得真对人类来说非常重要。紧缩主义却并非如此。正因为如此，我更喜欢实质主义而不是紧缩主义。

郭：自从心灵和世界的二分被提出以来，围绕知识的基础以及"如何构建一个可行的意义理论"等问题的争论越来越多。当我在阅读您的著作和论文时，我一直为您提出的"所有知识既基于世界又基于心灵"这一智慧的理念而兴奋。我相信，这种理念有利于我们为当今流行的内在主义和外在主义争论提供一种可行的解决办法。我在您的知识论中也看到了其他创新性想法：一是您的基本出发点不同于当前流行的方式。作为一个实在论者，您的出发点不是"这句话如何与现实相符合"，而是"世界的哪些方面或哪些特征被我们的理论正确描述"。二是您对各种基本概念的扩充性定义和澄清，如"现实"和"心灵"。您能解释一下是什么促使您做出了这些改变呢？

谢：我认为哲学有片面性的倾向。这是先验的与后天的、分析的与综合的等许多传统二分法的根源。这种倾向最近又反映在内在主义和外在主义的二分上。先验论者通常坚持认为，逻辑真和数学真需通过或者基于理智、实用约定、语言规则、概念事实等来获知。后天论者则坚持认为，自然和社会的真是通过或基于感官感知而非理智来认识的。"分析-综合"区分的拥护者们把真和知识分为不同的两大类型：一类是纯粹语言的或概念的，另一类是具有事实特征的。逻辑属于前一类，物理属于后一类。同样，外在主义者和内在主义者将知识断言的证实分为不相交的两类：世界与我们对它的信念之间的联系（外在主义），以及我们的心智状态、标准或反思（内在主义）。在我看来，发现和证明对外在主义和内在主义两者来说都是必需的。

在对待实在论的共同态度中，极端主义和片面性的倾向也十分明显。如果你在百科全书中查看"实在论"词条，或者更具体点，"数学实在论"或"科学的实在论"，你会发现一种严格的独立性要求。对世界的实在论说明必须如其所是地描述世界，这也可解释为世界必须以完全独立于人类认知能力、语言、概念等的方式，即以完全独立于心灵的方式来描述。但这显然是不可能的。我们只能运用我们的认知能力来获取对这个世界的认识，也只能通过我们的认知棱镜，即以一种不独立于心灵的方式来观察它。然而，这并不意味着我们不能看到它所是的样子。我们构造显微镜，使用热护目镜，建造粒子对撞机等，是为了改善和校正我们的感官认知。在我看来，实在论需要的是我们对世界的知识明显地基于世界并且准确地描述世界，而不是使之完全独立于我们的心灵。我把我这种理论称为"基础实在论"。

至于对真、指称、知识等的哲学理解，我建议我们从看这个世界出发。人们通常从语言开始，接受某些指称、满足和符合的原则，然后根据这些原则，设法解决我们如何获得世界某些方面知识（如世界形式的方面或不可观察的物理方面）的问题。但是，这也带来一些问题，这些问题导致长期以来我们无法找到解决方案。为了避免这些问题，我建议改变视角。语言是一种工具，一种适用于多种任务的工具，而任务之一就是构建世界理论。但是，如何使用语言来完成这项任务，很大程度上取决于我们想研究世界的哪些方面。如果我们感兴趣的都是物理个体及其可观测的性质，那么直接的指称和满足关系就足够了。但是，如果我们想要研究的东西不是简单的感官感知，那么我们可能需要一个更复杂的指称/满足关系。因此，我们使用什么样的指称关系，既取决于我们对世界的哪些方面感兴趣，也取决于我们如何根据自己的认知构成来获取它们。例如，我在我的真理论中表明，数学知识是关于世界形式特征的知识，正如标准的指称理论所要求的那样，这些特征是更高阶的，需要一种复杂的而不是简单的指称关系。这就扩大了我们在指称和满足方面的选择，某种如果我们从语言开始就不会意识到的东西。因此，如果世界上有什么东西拥有基数性质而不是数值个体，那么单独词项"一"（one）指的就不是某种不存在的数学个体，而是指基数性质"一"（ONE），它具有的性质就像"是地球的月亮"（is-a-moon-of-earth）这类性质一样。那么，就需要以一个复杂的两步关系来指称它，而不是像标准指称论中所要求的那样，仅需一种简单的一步关系。

郭：自从弗雷格（G.Frege）和罗素（B.Russell）提出"语言转向"，宣称"逻辑为真提供了一条特殊的道路"（弗雷格）并声称"逻辑是哲学的本质"（罗素）以来，越来越多的关于知识、意义、真的哲学研究都开始建立在形式逻辑的基础之上。如果没有逻辑，我们就不能谈论这些哲学问题。甚至戴维森（D.Davidson）和达米特（M.Dummett）的"实践转向"也将知识论建基于逻辑之上（虽然逻辑系统不同）。我知道您的知识论也和逻辑紧密相连。您能解释一下逻辑在您的理论中的作用吗?您能评价一下戴维森和达米特的理论吗?

谢：前面我已经对这个问题做出了一些回答。与弗雷格不同，我认为逻辑解释了关于真的一个非常重要的方面，但不是唯一的甚至最重要的方面。也不同于罗素，我坚持逻辑是哲学的核心，但并不是哲学的"本质" ——在我看来，哲学并没有一个独特的本质。还不同于传统的分析哲学家，我不把逻辑看作纯粹语言的，而是主张它既基于世界的形式结构也基于人类认知的形式结构。亦与戴维森和达米特不同，我对逻辑的研究主要是理论性而不是实用性的或实践性的。我与戴维森相反，并不认为塔斯基能对一种充分的真理论给以全面、完整的指导——戴维森的理论主要是关于逻辑结构对真的贡献。也与达米特不同，我不把逻辑看作分析的。同时，我和所有这些哲学家们的兴趣一样，都非常欣赏逻辑在哲学中的重要作用。

郭："同构不变性"在您这本书中是逻辑基础的一个重要标准。基于这个标准，您成功地为塔斯基做了辩护，来反对埃切门迪（J. Etchemendy）的批评（"塔斯基的谬论"），并澄清了实质后承和逻辑后承之间的区别。这使得您可以运用您独特的基础整体主义方法，来为逻辑在世界中构建一个实质性的基础。它不仅对您的知识论而言是创造性的，极为重要，也有助于给出一个所有逻辑学家都赞同的逻辑定义。你认为"同构不变性"是否抓住了逻辑的本质？并且在这个由多元论多重形式描述的时代，"同构不变性"是否足以统一逻辑定义？

谢：是的。我认为"同构不变性"实现了对逻辑在真实性和强大模态力方面的解释，抓住了逻辑的本质，以及逻辑在世界中"运作"的理由。同时，它至少在两个层面上与多元主义相容。一是根据"同构不变性"，逻辑词项指称对象的形式特征或属性（关系、功能），逻辑后承以支配世界的形式规律，即在世界中支配对象结构及形式属性行为的规律为基础。这就使"什么是形式规律"成为一个开放的问题，也给形式规律理论的多元性留有空间（例如，二值与三值理论），进而为逻辑的多元性留有空间。然而，这并不是说怎么都行。关于支配世界的形式规律有一个事实状态，但这个事实状态是什么，这是一个开放性问题。对这个问题的不同回答与按照"同构不变性"对形式性的特征描述相一致。二是运用形式结构的各种背景理论，"同构不变性"标准本身可以用多种方法加以公式化。背后根本的哲学思想是，逻辑不区分个体的同一性。这种思想可以通过使用不同的背景理论得以形式化。目前较为常见的是以经典集合论作为背景理论来构造"同构不变性"标准。但原则上，用其他方式来公式化也是可能的，如运用其他数学理论。这会影响逻辑的技术同一性而不影响其基本原则。此外，就一个给定的理论而言，它作为逻辑背景理论的充分性，这在很大程度上是一个事实性问题，但是个别哲学家可能不同意我对此问题的这种回答。

　　我也许应该补充一点，就是以"同构不变性"标准为基础的哲学思想。换句话说，即逻辑不区分不同的个体，而是以相同的方式对待所有个体。这一哲学思想由来已久。我们可以在康德（I. Kant）、弗雷格和其他许多哲学家和数学家，包括毛特纳（F. I. Mautner）、塔斯基、莫斯托夫斯基（A. Mostowski）和林德斯特伦（P. Lindström）那里找到根源。

　　郭：在对不同声音予以反对和回应等形式的思想交流中，您改进和充实了您的理论。费弗曼（S. Feferman）曾把您和著名的数学家、逻辑学家阿尔弗雷德·塔斯基以"塔斯基-谢尔论题"联系起来并进行质疑。您能解释一下这个论题的背景、发展以及关于这个论题的争论吗？

　　谢：我很乐意做出解释。塔斯基著名的逻辑后承定义出现在他 1936 年的论文《论逻辑后承的概念》（*On the Concept of Logical Consequence*）中。塔斯基在论文开篇提出了关于逻辑后承的两个充足定义条件：必要性和形式性。对"X 是 K 的逻辑后承"而言，其中的 X 是一个句子，K 是一个句子集，它的充足定义必须满足一个条件，即 K 的真能保证 X 的真既是必然的又是形式的——也就是说基于所涉及句子的形式结构。塔斯基由此得出结论，即定义是否充分，取决于逻辑词项（常项）的选择。基于某些逻辑词项的选择，逻辑后承是必要的且形式的；若选择另一些逻辑词项则并非如此。但是，当时的塔斯基并不肯定已经有了某种选择适当逻辑词项的标准，这也使得他定义的充分性受到了怀疑。

1966 年，塔斯基做了一场题为"什么是逻辑概念"（What Are Logical Notions）的报告。这场报告的内容于 1986 年首次公开发表。在这场报告中，他提出了一个与"同构不变性"非常相似的逻辑词项选择标准，即"置换不变性"。这个标准实质上就是"自同构不变性"，其中"自同构"指的是具有相同定义域的两个结构的同构。在《逻辑的界限：一种广义的视角》这本书中，我主张将"同构不变性"看作逻辑性的标准。当时我并不知道塔斯基的这个报告，而是参考了林德斯特伦的思想，他概括了莫斯托夫斯基早期对逻辑量词的定义。

我的方法和塔斯基的方法有一些不同。首先，与莫斯托夫斯基、林德斯特伦一样，塔斯基提出，他的定义是一个纯粹的数学定义，而不是受理解逻辑性这种哲学兴趣促动而做出的定义。事实上，他甚至强调他的这一报告与"逻辑是什么"这个哲学问题没有任何关系，并且与他 1936 年那篇论文结尾处提出的那个未解决的问题也没有任何联系。他认为他的这一标准是克莱因（M. Klein）基于空间转换不变性而对几何学科进行分类的一般化。相反，我自己的这种方法却是哲学促动的结果。我寻求一种对逻辑性的哲学理解，以实现对 1936 年所提问题的解决。我的出发点是塔斯基以前关于逻辑后承的断言，这种断言认为逻辑后承是形式的和必要的，而且基于对这一断言的重新分析，我开始构建作为逻辑性标准的"同构不变性"标准的充分性。

其次，塔斯基的标准是"置换不变性"，而我的准则（遵循林德斯特伦的思想）是"同构不变性"。按照目前常用的"置换不变性"解释，塔斯基的标准是不充分的。例如，它允许一个逻辑词项在苹果的定义域中是存在量项，而在橙子的定义域中是全称量项。这样的量项会产生既不形式也不必然的后承。相反，以"同构不变性"为逻辑性的标准就满足形式性和必然性的直观条件。

最后，塔斯基、莫斯托夫斯基和林德斯特伦将他们的逻辑性标准公式化为逻辑算子（或对象）的标准而非语言表达式（逻辑词项或常项）的标准，我却将我的标准公式化为逻辑表达式的标准。这里有一些额外的条件。这些条件并没有出现在塔斯基、莫斯托夫斯基或林德斯特伦的系统阐述中，甚至没有出现在当时的任何系统阐述中。

继麦吉（V. McGee）和费弗曼之后，人们有时把那种认为"一个词项是逻辑的（或可接受的逻辑词项）当且仅当它是同构不变的"的观点称为"塔斯基-谢尔论题"。费弗曼在其 1999 年的论文《逻辑学、逻辑和逻辑主义》（Logic, Logics, and Logicism）中批判了这一论题。我在论文《塔斯基的论点》

（*Kinaesthesia*，2008）以及《认知摩擦：关于知识、真和逻辑》中针对这一批判做出辩护。

郭：您在《认知摩擦：关于知识、真和逻辑》中，基于世界的约束，您的术语是"认知摩擦"为知识论构建了基础。知识还涉及想象、创造，以及其他与心灵包括理智在内相关的因素，您把这些统称为"认知自由"。那么，您认为我们应该如何兼顾来自世界的和来自人类的对自由的约束？

谢："认知自由"与"认知摩擦"两者相辅相成。没有心灵的自由放飞我们无法得到任何理论知识甚至很多实践知识，而没有世界的约束我们自由的心灵所产生的将是虚构而非知识；没有自由的摩擦在认知上是愚蠢的，没有摩擦的自由在认知上更是无力的；"认知自由"设计了通往世界认知路径的自由，"认知摩擦"则决定着这些路径的方向和目标。两者之间存在着对立。但这是一种相互促进的对立，推动着我们的认知引擎。正如你刚才提到的，认知自由有多种形式。认知自由，包括放飞我们的理智，运用我们的想象力和理性，具有创造性以及采取主动、做出选择和决定等能力。而更重要的是，应当意识到这些活动对我们所有的知识来说（包括观察知识和实验知识）是必不可少的。单有感官知觉并不能产生理论知识，而且它产生实践知识的能力也是有限的。有一种活动，它在缩小不同类型知识——抽象的与具体的、理论的与实践的、理智的与经验的知识——之间的差距方面起到了尤其重要的作用，我称之为"想出"（figuring out）。"想出"活动为动物和孩子们遨游世界时所需要；也为技术人员在确定所给仪器究竟出现了什么问题时所运用；亦为科学家们在决定用哪种实验证实或证明某个假说更有效时所采用；更为数学家和逻辑学家在证明数学猜想或得出一个完全或不完全结果时所从事；等等。"想出"活动使我们所有的认知资源结合起来，目的在于发现有关世界或世界的某些方面的东西。它正是自由与摩擦相结合的典范案例。

郭：我很欣赏您在构建一个如此宏大且实质性的知识结构或曰"知识大厦"时所显示出来的独特思维方式和开阔的视野。我相信它将为认知问题的探讨带来一个全新的逻辑与哲学视角。谢谢！

附录三　吉拉·谢尔围绕《逻辑后承》的系列讲座*

系列讲座一　《逻辑后承》Ⅰ

应武汉大学哲学学院陈波教授邀请，美国加利福尼亚大学圣地亚哥分校吉拉·谢尔（Gila Sher）教授于 2022 年 12 月 2 日至 12 月 17 日在线上围绕"逻辑后承"（logical consequence）主题做系列学术讲座。

吉拉·谢尔是美国哥伦比亚大学哲学博士，现为美国加利福尼亚大学圣地亚哥分校哲学教授，曾任国际著名哲学期刊《综合》（*Synthese*）主编（2012～2017）。她的主要研究领域是真理论、认识论和逻辑哲学，近年来发表了诸多有影响力的论文和著作，如《认知摩擦：关于知识、真和逻辑》（*Epistemic Friction： An Essay on Knowledge， Truth， and Logic*，2016）、《逻辑后承》（*Logical Consequence*，2022）等。

谢尔的新作《逻辑后承》一出版，便引起学界的关注，本系列讲座以此为契机，主要对"逻辑后承"的语义模型理论进行深度探讨。

系列讲座第一场于 2022 年 12 月 2 日举行，由陈波教授主持，华东师范大学哲学系张留华教授担任评议。

谢尔在讲座中首先介绍了逻辑后承的直觉概念和哲学背景，探讨了逻辑后承的证明论定义（proof-theoretical definition）和替代定义（constitutional definition）及它们的不足之处，引入了逻辑后承的语义定义（semantic definition），并对这些定义的塔斯基理论根源进行了讨论。

谢尔指出，逻辑后承关系可以带来新知识，并非直觉意义上的自明关系。

---

* 本附录内容来源于中国社会科学网。

因为即使初始的逻辑规则是显然的，其组合使用也和显然与自明相去甚远。她强调，想要深入理解逻辑后承，最好从认知语境出发。我们一方面具有认知野心，渴望了解复杂的世界；另一方面又具有认知局限性，容易在认知过程中出错。因此需要工具来确定我们对世界的认识是否正确，并进一步扩展我们的知识。这种工具需要提供有关陈述或理论的真形式和真内容，在推理过程中保真，进而达到扩展知识的目的。因此我们需要找到一种普适的、强模态的（dally strong）传递真的方法来达成这一目的，逻辑后承关系可以很好地完成这一任务。

作为后承关系的一种，逻辑后承比实质后承（material consequence）更强。实质后承可被描述为：语句 S 是语句集阐明逻辑后承的重要性后，谢尔围绕逻辑后承的定义进行讨论。在现代逻辑中，逻辑后承的定义工作大体上可分证明论和语义的或模型论两条路径进行。逻辑后承的证明论定义是：语句 S 是语句集 Γ 的逻辑后承，当且仅当，存在一个从 Γ 到 S 的证明。其中，从 Γ 到 S 的证明是有穷语句序列。她指出，塔斯基认为证明论定义不恰当，因为哥德尔不完全性定理表明，存在并非所有逻辑后承都可证的逻辑系统。因此我们需要寻找逻辑后承的非证明论定义。在塔斯基看来，这表现为逻辑后承的替代定义和语义的或模型论定义（以下简称为语义定义）。

谢尔提到，塔斯基认为逻辑后承的定义应满足保真性（transmission of truth）、必然性（necessity）和形式性（formality）三个条件，但他没有对必然性和形式性给出明确解释。他将必然性视作一种易懂的前理论要求，必然性不能推出形式性，形式性是否能推出必然性则是开放问题。谢尔强调，虽然塔斯基给出了形式性的解释，认为逻辑后承是形式的，是指逻辑后承在某种意义上仅由其包含的语句形式决定。但他在接下来的解释中又提到，逻辑后承不能以任何方式受到经验知识的影响，尤其是不能受到语句集的影响。

逻辑后承的替代定义可被描述为：语句 S 是语句集 Γ 的替代逻辑后承，当且仅当，Γ 和 S 中的任意非逻辑常项可被统一替换为语言 L 中的非逻辑常项，即如果 Γ 中的所有语句在替换下都为真，那么语句 S 在替换下也为真。塔斯基认为，该定义虽然为逻辑后承设定了必要条件，但并未设定充分条件，替代定义是不充分的。替代测试是否有效取决于语言的丰富程度。如果语言中没有足够的非逻辑常项来生成所有非逻辑后承的反例，那么该语言将会导致一些非逻辑后承通过替代测试。基于此，他继而提出了逻辑后承的语义定义。谢尔指出，替代定义只考虑了语句在现实世界中的真，这也使得替代定义因具有局限性而不可接受。相较于替代定义，语义定义显然是更好的选择。

逻辑后承的语义定义是：语句 S 是语句集 Γ 的逻辑后承，当且仅当，Γ 的每一个模型都是 S 的模型，即在每一个模型中，如果 Γ 的所有语句都是真的，那么 S 是真的。谢尔指出，对于塔斯基而言，概念 X 的语义定义通常指 X 是一个语义概念。语义概念的典型特征是能够表达语言与世界之间的确定关系，诸如真、外延等概念都是语义概念。因此，塔斯基的语义定义与其真理论息息相关。她认为，塔斯基的真理论更注重语句的逻辑结构或逻辑内容，而逻辑后承则直接取决于语句的逻辑结构或逻辑内容，因此语义定义可以被视为塔斯基真理论的推广。

最后，谢尔强调，虽然语义定义能够处理替代定义处理不了的问题，但它仍面临质疑，她将会对其进行进一步的讨论。

在评议环节，张留华首先借助普拉维茨（D. Prakrit）的观点，针对塔斯基对证明论定义的拒斥提出质疑。受根岑（G. Gent）影响的当代证明论并不会受到塔斯基观点的影响，而塔斯基对模型的定义起码在认识论上是循环的。因此，逻辑后承的证明论定义可接受，而语义定义值得商榷。另外，蒯因（W. V. Quine）在《逻辑哲学》（*Philosophy of Logic*）中提出的逻辑真的替代方法显示替代定义是充分的，虽然蒯因和塔斯基二者对替代的看法不尽相同，但蒯因的观点也是合理的，因此不是必须借助塔斯基的语义模型对逻辑后承进行定义。

谢尔在回应中指出，证明论定义的不足不意味着要抛弃证明论定义，与语义定义相比，证明论定义更容易理解和管理。但是如果只坚持证明论定义，逻辑后承无法在不能构建证明的情况下被理解。她认为模型定义的循环质疑并不正确，所谓的循环可避免。她同意语义定义并非唯一正确的逻辑后承定义，但蒯因及其替代观点并没有解决语言丰富性质疑以及替换和逻辑常项问题，而是回避了它们。

陈波提出了"塔斯基对真的定义"和"语义定义如何回应严格指称论者的质疑"问题，山西大学哲学社会学学院郭建萍教授则围绕"什么是真概念的内容"和"对塔斯基而言，真的语义概念是否描述了真与世界之间的关系"两个问题与谢尔进行讨论。

系列讲座二　《逻辑后承》II

2022 年 12 月 10 日，应武汉大学哲学学院陈波教授邀请，美国加利福尼亚大学圣地亚哥分校吉拉·谢尔（Gila Sher）教授做关于"逻辑后承"（logical consequence）系列讲座的第二讲。湖南科技大学马克思主义学院颜中军教授担任评议人。

第二讲主要围绕第一讲中留下的开放问题"语义定义是否满足形式性和必然性"展开。谢尔指出，语义定义面临着形式性、逻辑性（logicality）和必然性三重挑战。她从基础整体论（foundational holism）出发为语义定义辩护，诉诸同构不变（isomorphism-invariance）给出了逻辑性的标准。然后通过论证"逻辑性等于形式性，形式性蕴涵必然性"得出"语义定义满足形式性和必然性"的结论。

谢尔指出，虽然塔斯基认为语义定义满足形式性和必然性的要求，但是，他并没有明确解释"形式性""必然性""模型"等概念。此外，他还提出了关于逻辑性的开放问题（"逻辑常项问题"），即如何区分逻辑常项与非逻辑常项。如果对其进行随意区分，则会影响逻辑常项与非逻辑常项在模型中的指称（denotation）。其中，逻辑常项的指称对逻辑后承的定义尤为重要。如果逻辑常项的指称不明确，那么作为模型建构基础的形式规则也不再可靠，而逻辑后承建基于形式规则。因此，如果没有区分逻辑常项与非逻辑常项的明确标准，那么语义定义可能会失效。想要使语义定义发挥其应有的作用，就必须找到逻辑常项与非逻辑常项的区分标准。所以，语义定义面临着形式性、必然性和逻辑性的三重挑战。

谢尔认为，逻辑性问题与语义定义的形式性、必然性之间具有紧密联系。如果可以找到识别逻辑常项的恰当标准，并且该标准可以产生形式性和必然性的逻辑后承，那么就可以很好地回应上述挑战。因此，我们的首要任务是确立识别逻辑常项的标准。

逻辑常项识别标准的确立以不变（invariance）为起点。谢尔强调，不变是一种二元关系，X 在 Y 下不变，意为 X 不受 Y 改变的影响。此处的不变是将 X 视为性质，将 Y 视为关于个体的双射替换函数（replacement-function）。因此，这里所讨论的"不变"是性质不变（property-invariance）。同时她指出，想要更加准确地识别性质不变，不仅要考虑现实世界中的个体，还要考虑反事实个体（counterfactual inpiduals）。因为反事实个体的替换会影响我们对性质是否具有不变性的判断。但她并没有明确限定反事实个体的范围，而只是在常识和直觉的意义上进行谈论。在此基础上，她将"性质 P 在替换函数 r 下不变"定义为：对于任何性质 P 和个体域 D，P 在 D 中的自变元为 β，r 为 D 上的替换函数（其中 r 的取值范围为 D_1），β 在 r 下的相为 β_1，P 在 r 下是不变的，当且仅当，β 在 D 中具有性质 P 当且仅当 β_1 在 D_1 也具有性质性质 P。

基于性质不变的定义，谢尔提出了如下四个论题来探究逻辑常项的识别标准以及它与必然性、形式性之间的关系。

其一，每一个性质在关于个体的双射替换函数下都可以是不变的。因为当替换函数 r 被确定为同一函数时，每个个体的替换还是它自身。在这种情况下，每个性质都具有不变性。

其二，有些性质具有更高程度的不变性，这种不变性被称为极大不变性（maximal-invariance）。性质 P 是极大不变的，当且仅当，P 在所有的替换函数 r 下都是不变的。P 是极大不变的，意思是 P 适用于所有个体，不对任何个体进行区分。诸如非空性（non-emptiness）、同一性等性质都是极大不变的。谢尔基于此给出了逻辑性的判断标准：性质 P 是逻辑的，当且仅当，它是极大不变的。谓词常项是逻辑的，当且仅当，它指称一个逻辑性质。

其三，极大不变是形式性的标志。P 是极大不变的，当且仅当，P 是同构不变的，即 P 在所有与其结构具有同构关系的结构下都是不变的。同构不变只在不同的形式模式（formal pattern）之间进行区分，因此同构不变性标准也是形式性的标准。由此可知，逻辑性、极大不变性和形式性三者等同。

其四，形式性蕴涵必然性。如果 P 具有形式性，即 P 是极大不变的，那么 P 就不在任意两个个体之间进行区分，因而正确描述 P 的规律 L 也不在任意两个个体之间进行区分，因此 L 是必然的。

综上可知，从"逻辑性等同于形式性，形式性蕴涵必然性"，可以推出"逻辑性蕴涵必然性"。该结论能帮助我们回应语义定义面临的必然性和形式性挑战。因为逻辑后承由语句的逻辑性决定，而语句的逻辑性由逻辑常项决定。根据上述分析，逻辑常项具有逻辑性，即形式性，进而推出必然性。因此，逻辑后承具有形式性和必然性。

在本场讲座最后，谢尔指出，虽然她与塔斯基都根据不变性来确立逻辑常项的区分标准，但二人对不变性标准有不同的认识。塔斯基式的不变为置换不变（permutation-invariance），但她认为，根据置换不变来定义逻辑后承存在反例，因此置换不变不是正确的标准，应采用同构不变来确立逻辑常项的区分标准。

在评议环节，颜中军首先指出，谢尔并没有明确给出识别逻辑常项的标准所要满足的要求。她虽然提到了对于形式性和必然性挑战的通常解决方式要满足三个条件，但这些条件并不明确，并且在很大程度上依赖塔斯基的语义定义。其次，他指出，谢尔主张塔斯基没有证明语义定义满足必然性和形式性的要求，但她也没有给出明确且完整的形式性定义。最后，他认为，谢尔关于形式性和逻辑性关系的证明有循环论证的嫌疑。谢尔在强结构的意义上将形式性等同于同构不变（即逻辑性），同时又主张在同构不变的意义上，强结构可以被自然地视为形式性。因此，存在着从逻辑性（形式性）到同构不变到形式性（逻辑性）的循环。

谢尔在回应中指出，自己以基础整体论为出发点来探究逻辑的基础性问题。基础整体论将知识视为由相互联系的不同部分构成的整体。她借助"纽拉特船"的比喻，主张我们为了获得对世界的认识，需要从已有的知识出发，利用一切可利用的资源，运用我们的批判性和创造性来获得新知识，同时利用这些新知识去检查已有的知识，修改、替换其中有问题的地方。因此我们需要首先提出关于区分逻辑常项的假设，然后根据人们在日常生活中对逻辑常项的使用来不断地修正我们的假设。关于形式性的问题，她主张，自己是通过同构不变或极大不变来说明形式性。但是要完全弄清楚形式性，还有更多的工作要做。关于论证中是否涉及循环的问题，她指出，自己从基础整体论出发进行论证，论证的关键就在于形式性、同构不变、逻辑性三者的关联，因此并不是循环论证。

陈波就"非空性似乎不是极大不变的""如何看待维特根斯坦对同一的看法""报告中的必然性与克里普克的形而上学必然性的区分"进行提问。谢尔通过区分一阶性质和二阶性质来回应第一个疑问。维特根斯坦在《逻辑哲学论》（Tractatus）中主张，说两个事物是同一的，这是无意义的（nonsense）；而说一个事物与自身同一，这等于什么也没有说。谢尔回应说，自己并不完全赞同维特根斯坦的观点。说一句话无意义，是在直觉和普遍的意义上来说的，但是在谈论像逻辑这样的事物时，我们要更准确地谈论。对于"形而上学必然性"，谢尔推测克里普克是从直觉的意义上来谈论的，但是直觉难以琢磨，论证可信度存疑，而自己所谈到的"必然性"是形式必然性，它是比形而上学必然性次一级的必然性，可以进行更加严格的定义。

系列讲座三　《逻辑后承》III

　　2022 年 12 月 17 日，应武汉大学哲学学院陈波教授邀请，美国加利福尼亚大学圣地亚哥分校吉拉·谢尔（Gila Sher）教授以线上方式做关于"逻辑后承"（logical consequence）系列讲座的第三讲。南开大学哲学院助理研究员胡兰双博士担任评议。

　　在本场讲座中，谢尔承接前两讲，为逻辑后承定义的不变性证明做辩护；解释了不变性证明的一些衍生结果；回应了学界对语义定义和逻辑性的不变性标准的批评。

　　谢尔首先为不变性证明做辩护。克赖泽尔（G. Krieisel）提出，类一阶逻辑的完全逻辑系统都可以构建塔斯基式的逻辑后承定义。谢尔指出，不完全系统中的逻辑后承定义问题未被解决，而且克赖泽尔对逻辑常项、公理和证明规则的充分性考察几乎完全依靠直观，这使他的定义缺乏理论力量。塔斯基定义的不变性证明不能建基于这种不可靠的观点。

　　接着，谢尔对不变性证明的衍生结果做了解释。她对逻辑后承的传统特征进行了再分析，对逻辑与数学间的关系进行了探讨。她指出，逻辑后承在传统上被刻画为普遍的、必然的、形式的、主题中立的、确实的（certain）、分析的和先验的（apriori）。根据前两讲，逻辑后承是必然的和形式的，但其他特征需要再分析。若将普遍性理解为所有现实个体的个体域内的真性传递或所有知识领域的适用性，那么普遍性就可因源自必然性和形式性而被认为是逻辑后承的特征。同样地，主题中立性也因可从形式必然性中推导出来，而被认为是逻辑后承的特征。需要澄清的是，主题中立不是没有主题，而是说逻辑同等适用于各领域，不受其主题影响。确实性虽然由不变性推导而来，但不意味着逻辑不可修改。逻辑会引起争议，也可以进行修改。

　　谢尔在先验性和分析性上持有不同的观点。她认为，极大不变性显示逻辑是准先验（quasi-apriori）的而非绝对先验的。传统先验论要求经验的绝对独立和理性基础的唯一性，但人们主要依靠理性通过经验获取知识，既不意味着只能依靠理性，也不意味着经验绝对独立。根据语义定义，逻辑后承通常被认为是扩展我们认识世界的能力，其语义定义中牵涉的模型、真等概念与世界息息相关，而分析性只牵涉语言。因此，逻辑后承不具有分析性。综上，逻辑后承具有必然性、形式性、普遍性、主题中立性、确实性，准先验性而非绝对先验性，但不具有分析性。

不同哲学家对逻辑与数学间的关系问题有不同看法。塔斯基认为，该问题是开放问题，逻辑与数学是否同一取决于人们所处的立场。而谢尔指出，逻辑与数学有联系但并不同一。二者的共同之处在于形式，区别则在于数学研究形式，逻辑使用形式建立一个强大的推理系统。在实践和发展历史中，两个学科相互交织、相辅相成。

在对衍生结果做了解释之后，谢尔回应了对语义定义和逻辑性的不变性标准的批评。在语义定义方面，谢尔主要讨论了埃切门迪和菲尔德的批评。

埃切门迪主要提出了两个质疑。历史性质疑指出，塔斯基在处理必然性时误用 $\Gamma \vDash S \supset \mathbf{Nec}[\mathrm{T}(\Gamma) \supset T(S)]$ 取代 $\mathbf{Nec}[\Gamma \vDash S \supset [\mathrm{T}(\Gamma) \supset T(S)]]$，但后者不能推出前者。普遍性质疑则认为语义定义既是表征性的（representational）又是解释性的，表征性意在将模型解释为表征世界可能情形的形而上学可能的方式，但形而上学可能是含混概念，我们无法在含混概念之上得出确定的定义。解释性则意在将模型解释为表征我们谈论的现实世界的可能方式，这使我们局限于现实世界而无法建立必然性。所以语义定义注定失败。

谢尔回应说，历史性质疑是稻草人谬误，普遍性质疑无效。因为塔斯基在处理必然性问题时从未说明或暗示任何形如 $\Gamma \vDash S \supset \mathbf{Nec}[\mathrm{T}(\Gamma) \supset T(S)]$ 的证成。语义定义不是表征性和解释性的，而是形式性（formal）的。模型仅表征一种形式可能性（formal possibility）。形式可能性不含混，也没有局限于现实世界，在所有模型中保真就是在所有形式可能的情况下保真。由此，必然性可以借由保真性被建立。

菲尔德则认为语义定义不能保证从前提到结论的真性传递。他指出，塔斯基式的模型建基于集合论，集合论不能表征世界的所有可能方式，因此语义定义不能识别所有模型反例，如全域是真类的模型的反例就不能被识别。这会导致语义定义将逻辑无效的推理判定为逻辑有效。语义定义无法保真，更遑论保真的必然性。谢尔回应说，集合论并非语义定义的本质基础，塔斯基式模型最初没有建基于集合论，语义定义本身也没有限制背景理论。她进一步强调，菲尔德也没有证明真类模型的存在，集合论中的映射原理（reflection principle）显示集合足够丰富，足以表征任何形式的可能性。

谢尔接下来指出，学界对逻辑性的不变性标准的批评可分为衍生不足

（undergeneration）和过度衍生（overgeneration）两类。衍生不足的批评认为，不变性标准将非经典逻辑视为非逻辑。但适用的逻辑性标准应该为所有在实践中被视为逻辑的常项所满足，因此非经典逻辑不应被视为非逻辑。谢尔回应说，不变性标准旨在解决某个确定的理论问题，不会在关注某种类型的逻辑时做出否定判断。对这些逻辑的研究和判断与不变性标准的研究领域不同，衍生不足的批评对不变性标准来说是补充而非反驳。

持过度衍生观点的批评者认为不变性标准使逻辑常项过多。这种批评分为数学批评和语言批评两类。数学批评以费弗曼为代表，他认为，塔斯基-谢尔论题将逻辑同化为数学，认可了不具鲁棒性（robust）的逻辑常项。语言批评则认为满足不变性标准的逻辑常项产生了直觉上不合逻辑的结果。谢尔回应说，数学批评不正确，塔斯基-谢尔论题指出了逻辑和数学并没有被相互归约；不具鲁棒性的逻辑常项考察工作与逻辑无关，而且高阶集合论常项不会出现非鲁棒性问题。语言批评则混淆了不变性标准的适用范围，不变性标准将形而上学或语言必然性和形式必然性视作不同常项，只有形式必然性合逻辑。

在评议环节，胡兰双围绕"逻辑常项的选择问题""命题逻辑中逻辑常项的解释""为什么必然性分程度""为什么用模型定义逻辑后承"和"为什么能确定逻辑属性是极大不变的"等问题与谢尔进行探讨。她认为，按谢尔的表述，逻辑常项似乎只能在谓词逻辑中得到解释。一个可能为假的语句不能被称为必然真语句。逻辑后承定义中的模型仅代表一种理论工具，而非真的表征世界状态。逻辑后承基于形式规则，因此完全可以直接借用形式规则去定义逻辑后承。

谢尔回应了上述问题。她表示，逻辑常项问题是语义定义的关键，合适的逻辑常项能固定模型的特征，如果选取不合适的逻辑常项，模型将会失效。与逻辑学习不同，在哲学中谓词逻辑比命题逻辑更自然，命题逻辑中所有逻辑常项都能借助谓词逻辑的原子句进行等值替换，进而得到解释。对第三个问题，她认为，探讨不同程度必然性的动机是逻辑的主题中立性。不同领域有不同的必然性，因此逻辑需要讨论不同程度的必然性。后一个问题也与此相关，使用模型定义逻辑后承的优点就是可以保证逻辑讨论的普遍性。逻辑属性的极大不变性不是说不能超越，而是说如果进行扩展，就会陷入只能枚举，无法得出普遍适用的推理系统的困境。

最后，陈波对三次讲座作了总结，他指出：谢尔在哲学和逻辑技术方面有厚实的基础，她关注哲学和逻辑中基础性的大问题，勇于提出自己的观点，深入探讨理论细节，把自己的理论发展得丰满而坚实。谢尔在学术对话的语境中做研究：她不仅考虑前人的观点，还考虑同时代其他学者的异议，对他们做出认真的回应。这非常重要，因为学术就是对话，是共同体的事业，要避免一厢情愿的思考。不同学者有不同的学术道路，没有必要刻意模仿他人。我们要研究自己愿意研究的、能够研究的，并坚持做到最好。

后 记

吉拉·谢尔（Gila Sher）是我在美国加利福尼亚大学圣地亚哥分校（UCSD）哲学系访学（2017 年 12 月～2018 年 12 月）时的合作导师。在我访学期间，谢尔为我提供便利，把她在学校的办公室留给我学习、工作。尽管她在 UCSD 的课程我都去听，也随时有交流，但我俩还会每周最少另外专门约见一次，谢尔会耐心细致地回答我的问题、解答我的疑惑，鼓励我冲破语言顾虑，多参与系里的各种学术或其他团体活动；知道我想学模态逻辑，谢尔还向系里申请提前一学期上这门课程，虽然终因要牵动学校太多学生不好调整而未成，但我非常感谢谢尔对我的关心和帮助！这样，在访学期间我收获颇丰，我旁听了 UCSD 开设的所有逻辑学课程以及一些感兴趣的哲学课程，初步把握了谢尔在真理论、知识论、逻辑基础方面的主要思想和理论，并完成了论文《吉拉·谢尔基础整体主义知识论探析》（该文发表于《科学技术哲学研究》2019 年第 5 期），

2018 年我和谢尔在 UCSD 校园

翻译了谢尔的论文 "Substantivism about Truth"，译文《真之实质主义》发表于《世界哲学》（2019 年第 3 期），完成了和谢尔围绕她的专著 *Epistemic Friction: An Essay on Knowledge，Truth，and Logic* 进行的关于 "逻辑、实质性与知识论" 的访谈（该访谈发表于《哲学动态》2020 年第 5 期，并作为本书的附录二）。我在 2018 年 12 月底结束访学后，思考并完成了论文《吉拉·谢尔实质主义真理论探析》（该文发表于《山西大学学报（哲学社会科学版）》2022 年第 4 期）。

回国后，我和谢尔也一直保持联系。除邮件往来外，2019 年趁谢尔参加陈波教授组织的国际会议，我邀请她来山西大学做学术报告，分别近一年，久别重逢，相聚甚欢！2022 年陈波教授邀请谢尔在 Zoom 围绕她的新书《逻辑后承》（*Logical Consequence*）做了三场线上报告，我们云端讨论，又是一种欢喜！因此，感谢陈波教授，他对国际学术交流的积极推动助力了我和谢尔这不断的相逢相见！

2019 年我和谢尔在我们学院报告厅　　　　2022 年我和谢尔在线上讨论

谢尔的这本《逻辑后承》（*Logical Consequence*）于 2022 年由剑桥大学出版社出版。它是我独立翻译的第一本书，尽管原著才九十多页，我完成它却用了近两年的时间。我敬重谢尔，珍爱谢尔的这本小书，珍爱她的思想，生怕自己的不慎或理解不准确影响了这本书的真正价值。我在初译、修改之后，又请中国人民大学哲学院余俊伟教授帮忙校对。非常感谢俊伟兄认真细致地阅读、修订，有了俊伟兄的援手相助，我心里踏实了很多！衷心感谢俊伟兄不厌其烦地和我为某些语句的翻译、理解字斟句酌！

后来，我又在我们学院 2022 级外国哲学专业硕士和 2023 级逻辑学专业硕士的 "逻辑哲学研究" 课程上，和学生们一起学习了这本书，由于课程学时有限，最快的一次也只读到了第 4 章的前两节。但在和学生们的教学互动中，我又加深了对这本书内容的理解，也修订了一些疏漏之处，感谢我的学生们！感谢我的博士生李伟帮忙对修改做重新排版！

对于本书中一些难以理解或不好翻译的地方，我发邮件请教了谢尔。再次感谢谢尔及时详细的解答回复！我选取部分讨论内容说明如下。

1. "adequate" 的翻译

在本书中，adequate 和 sufficient 都有许多次出现。在涉及条件时，谢尔不会用 adequate，用的是 "sufficient condition for X" 来表达 "X 的充分条件"。但是，有许多场合谢尔用 adequate 和 sufficient 修饰同样的名词，比如定义（definition）、测试（test）、模型（model）、标准（criterion）等。既然如此，这两个词应该是有区分的。谢尔肯定了我的理解。她说，sufficient 和 adequate 有时是同义词。不过，她使用这两个词时是有区别的。在她看来，①adequate 是指质上的令人满意。在谈论定义时，"an adequate definition" 是指 "一个好的（good）定义"，即满足好定义的条件，但并没有明确这个定义是 "仅仅是好" 还是 "优秀"，但最起码是 "好的"。②在某些场合下，谢尔用副词 "sufficiently"，而不会使用 "adequately"，例如：用 "sufficiently good for…" 表示 "对……来说足够好"。基于这些解释，我在翻译 "adequate" 时，把它译为 "适当的"，其他的同根词也是基于这个基本意思来翻译的，例如："adequacy" 译为 "适当性"。

2. "replacement" "substitution" 和 "permutation" 的翻译

这三个词我分别译为 "替换" "代入" "置换"。谢尔这样来区分这三个词：

（1）在她看来，"替换"（replacement）是这三个术语中最通用的一个。当她想直观地说时，经常使用 "替换"（例如，在直观地解释不变性条件时）。

（2）谢尔仅在涉及语言表达式的情况下使用 "代入"（substitution）一词：逻辑后承的代入定义指的是以 1-1 的方式对非逻辑常项代入非逻辑常项。

（3）"置换"（permutation）不同于 "替换"，它是一个技术术语，一个专业的数学术语，是一种 "以 1-1 且到上的方式"，适用于客观事物（对象、属性、集合）和语言表达式。

3. "simpliciter" 的翻译

在谢尔 *Logical Consequence* 中，"simpliciter" 第一次出现在第 3 页，"真是纯粹的真（truth simpliciter）——也就是说，是在现实世界中为真（truth-in-the-actual-world）的意义上的实质真"。第一次读到这里时，我不明白 "simpliciter" 的意思，查词典得知它可译为 "绝对地" "一般地" "无条件地" "完全地" 或 "无限地"，但我觉得这些意思放在原句中都不贴切。于是我联系谢尔，她也否定了这些解释，认为都不合适。谢尔建议，不妨将 "truth simpliciter"

替换为"material truth"（解释为"在现实世界中真"）或"truth in the simple sense"
[与"必然真"（necessary truth）相对，可解释为"在现实世界中真"或"实质
真"]，"mere truth"（纯粹的真）也可以。这样，与书中这句话相协调，我选择
了"纯粹的真"这个解释。在本书其他处出现 simpliciter 时，也都译为"纯粹的"。

4. 关于"distinguished constants/operators"的理解

在本书第 4 章的 4.5 节，谢尔提到一种"固定的（'特殊的'）常项/算子"
[fixed（"distinguished"）constants/operators]，根据上下文，应该知道它本质上
是指模态逻辑的模态常项。谢尔之所以把它们称为"特殊的常项/算子"，是因
为：在模态逻辑中，"必然""可能"有固定的意义并被看作这种语言的逻辑常
项。然而，站在外围看这种逻辑并问它们是不是逻辑的（在满足逻辑常项不变
性标准的意义上），回答会是"不是"。于是，为了避免混淆，谢尔把它们称作
"特殊的常项"或有特殊的地位。

另外，关于本书中"1-1 and onto"的翻译，我采用俊伟兄的建议，把它译
为"1-1 且到上的"。这种翻译是借鉴晏成书先生的译法（参考《集合论导引》，
中国社会科学出版社，1994，第二章第 4 节）。一个映射是"1-1 的"，指它是
单射；是"到上的"，指它是满射。

关于附录部分的内容，因为是已发表内容，出版社编辑按出版要求进行了
些小调整，译者只是对涉及与"truth"表达有关的地方，根据原文上下文，把
原来的"真理"修改为"真""真的""真理论""有关真的"等，其他基本保
持原文发表时的状态。在此，向附录一的中方作者陈波教授、徐召清副教授和
附录三发表网站中国社会科学网的支持与信任表示感谢！

本书是国家社会科学基金一般项目"知识论的逻辑基础研究"（21BZX105）
的研究成果，书中难免有疏漏之处，敬请读者批评指正。

最后，感谢科学出版社以及出版社编辑人员所做的工作，没有他们的辛苦
付出，不会有本书的顺利出版。

郭建萍

2024 年 11 月 20 日于山大蕴华庄